跟着 Apple 发布会学做

Keynote 演示

iMike 著

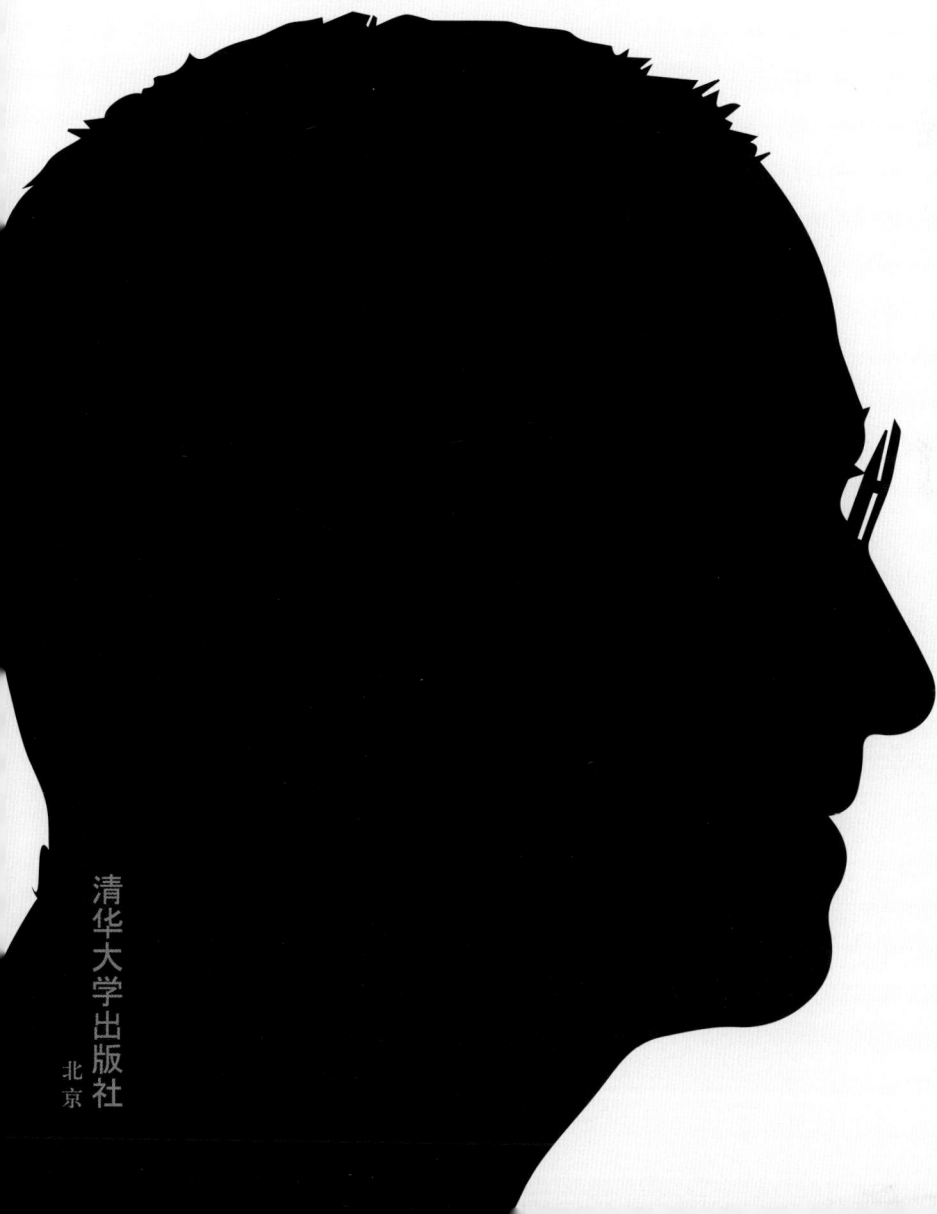

清华大学出版社
北京

内 容 简 介

本书以 Apple 的历年产品发布会使用的官方 Keynote 幻灯片为基础，由浅入深地介绍了 Keynote 这款乔布斯最喜欢的软件的使用方法。iPhone、iPhone 4、iPhone 5s、iPhone 6、Apple Watch 和 iPad Pro 都将依次登场，化身一个个精彩的案例。通过本书的学习，读者将可以制作出与 Apple 发布会一样水平的 Keynote 幻灯片。

图书在版编目(CIP)数据

跟着Apple发布会学做Keynote演示 / iMike著. — 北京：清华大学出版社，2016
ISBN 978-7-302-44967-6

Ⅰ.①跟…　Ⅱ.①i…　Ⅲ.①图形软件　Ⅳ.①TP391.41

中国版本图书馆 CIP 数据核字(2016)第 206593 号

责任编辑：栾大成
封面设计：杨玉芳
责任校对：徐俊伟
责任印制：李红英

出版发行：清华大学出版社
　　　　网　　　址：http://www.tup.com.cn，http://www.wqbook.com
　　　　地　　　址：北京清华大学学研大厦 A 座　　　邮　　　编：100084
　　　　社 总 机：010-62770175　　　　　　　　邮　　　购：010-62786544
　　　　投稿与读者服务：010-62776969，c-service@tup.tsinghua.edu.cn
　　　　质 量 反 馈：010-62772015，zhiliang@tup.tsinghua.edu.cn
印 装 者：北京亿浓世纪彩色印刷有限公司
经　　销：全国新华书店
开　　本：170mm×240mm　　　印　　张：18.25　　字　　数：657 千字
版　　次：2016 年 10 月第 1 版　　印　　次：2016 年 10 月第 1 次印刷
印　　数：1 ～ 4000
定　　价：69.00 元

产品编号：070269-01

很多年前，有人告诉我，一定要成为一个专业的人，一个会提案的人。提案的涵盖面非常广，比如给客户提案，或者跟团队沟通的一个想法。提案的能力决定了你能够影响多少人——其实乔布斯的"现实扭曲"能力，也是提案能力的一种展现。提案包括了很过关键的步骤，比如对于对方的理解（知己知彼）、表达的方式、表达的时机等等，非常深奥，变幻莫测，但是有些基本的东西是可以训练和成为模式的。所有模式之中的第一点，用通俗的话说，就是有一个好的PPT。之所以用"好"而不用好看，因为好看涉及到审美这个无法量化的东西。其实"好"也不容易定义，至少可以偷个懒：Apple的PPT公认是最好的。

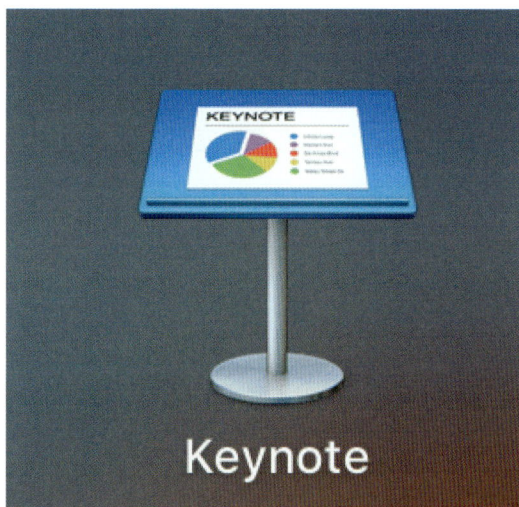

Apple制作幻灯片的软件叫做Keynote。Keynote作为英文的意思是"主旨"，也就是说这个软件是用来让你表达自己的主要观点的，而不是用来做花里胡哨的东西的。随着使用Mac电脑的用户越来越多，大家从在Mac上使用Windows，到在Mac上使用Office，过渡到真真正正地在Mac上使用Keynote，Keynote终于迎来了爆发的时代。因为大部分使用Keynote的用户，都是从PPT转移过来的，所以都会将PPT上的一些习惯带过来——比如找不到SmartArt就立刻变得心灰意冷。其实，Keynote的目的就是表达简单而强有力的观点。而从这一点上来说，没有人比Apple做得更好。

所以，笔者就产生了跟着Apple的历年iPhone发布会来学习制作Keynote的想法，也就有了此书的产生。从iPhone的诞生一直到iPhone 6s的发布，几乎十年的时光，每一次发布会都精彩绝伦——这个星球上最有才华的人们在他们最好的时光中，将细节融入了这10次发布会中。让我们随着这10次精彩的发布会，一起寓教于乐，学习如何使用Keynote表达简单而强有力的观点吧。

阅读建议

　　本书所有的案例兼容OS X 10.11.1及Keynote 6.6.1以上版本。案例从第一代iPhone发布会开始，一直到iPhone 6s的发布会。所有读者会在今年10月份，免费获得2016年Apple秋季发布会的新增篇章。每章都配有iPhone 发布会的现场视频（部分来源于优酷网站，部分来源于Apple官方网站），均可通过浏览器观看。

　　建议大家使用平板电脑观看和学习，同时在Mac电脑上实际操作。

　　书中的所有素材下载，勘误和新的发布会的新增篇章，请关注如下公众号获得：

目录

Chapter 8

2014 年iPhone 6 & iPhone 6 Plus 发布会

Chapter 9

2015 年iPhone 6s 发布会

One More Thing・268

Chapter 0
5分钟掌握Keynote操作

在正式开始之前，先简单介绍一下Keynote界面与操作模式。我们是在Mac笔记本电脑上制作本书的，所以需要大家有一台Mac笔记本电脑。当然，你在iPhone和iPad上也可以制作Keynote。打开Keynote后，会看到如下图所示的导航条。

选择"文件"→"新建"命令，就会出现主题选取器，在这里可以根据Apple已经内置的很多模板来新建幻灯片。标准是4∶3宽高比的幻灯片，宽幅是16∶9的幻灯片。"我的主题"是使用者自定义的主题。如下图所示。

选择"宽幅"，然后选择"渐变"这个主题，打开的新幻灯片如下图所示。

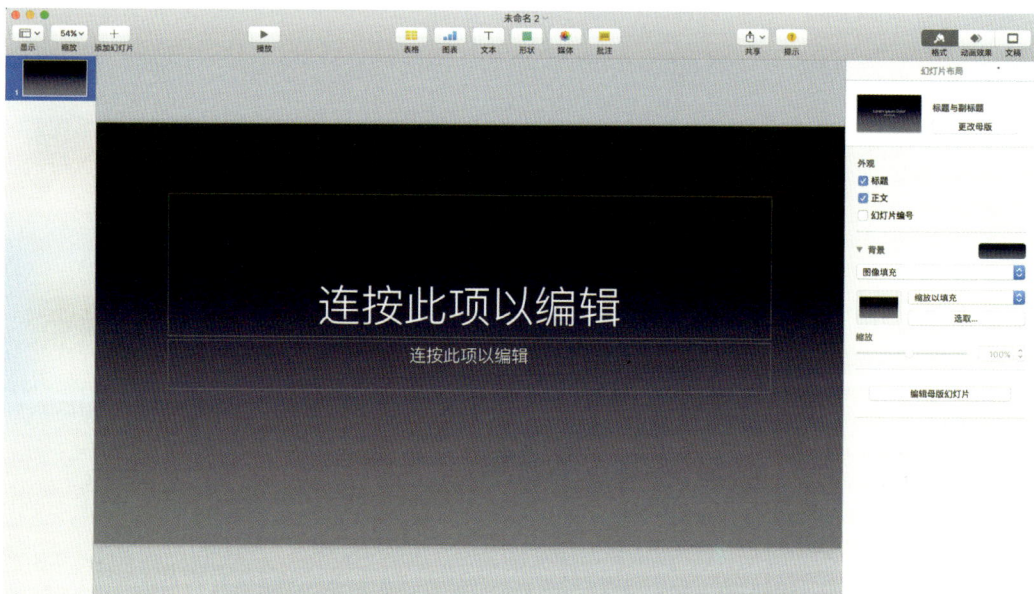

将整个视野分为如下图所示几个部分。

第一部分是菜单栏，这个有点像Windows操作系统的菜单栏。

● Keynote：用于设置Keynote里面的整体参数使用，类似Office的"选项"菜单。

● 文件：用于新建文件、导出文件、保存文件等。

● 编辑：选择、替换、查找、取消等具体文件内容的操作。

● 插入：插入分节符、分页符、表格、图表、文本等内容。

● 格式：调整字体、文本的格式等信息。

● 排列：排列控件。

● 显示：调整界面中各元素的显示和隐藏。

● 共享：将文档通过iCloud共享或者发送给朋友。

● 窗口：排列窗口。

● 帮助：关于Keynote的帮助。

第二部分是导航器，列出当前所有的幻灯片。这里可以横向拖动一个幻灯片，从而让这个幻灯片成为上一个幻灯片的子幻灯片，进而可以将所有的幻灯片进行分组。如右图所示。

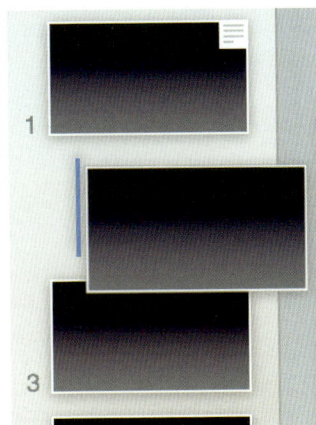

第三部分是工具栏，可以在这里非常便捷地进行操作。下面从左到右依次介绍这些按钮。

● 显示：显示按钮控制导航器和整体Keynote界面的显示元素。如果要编辑母版幻灯片，就可以从这里进行切换。显示标尺、隐藏批注和显示演讲者注释也很常用，如下图所示。

● 缩放：控制幻灯片视野的显示比例。如果选择"适合窗口"，中央区域的幻灯片就会用最合适目前窗口大小的尺寸来显示。有时候经常需要变换显示比例对控件进行操作。如果选择100%，那么就会看到全尺寸的幻灯片，如下图所示。

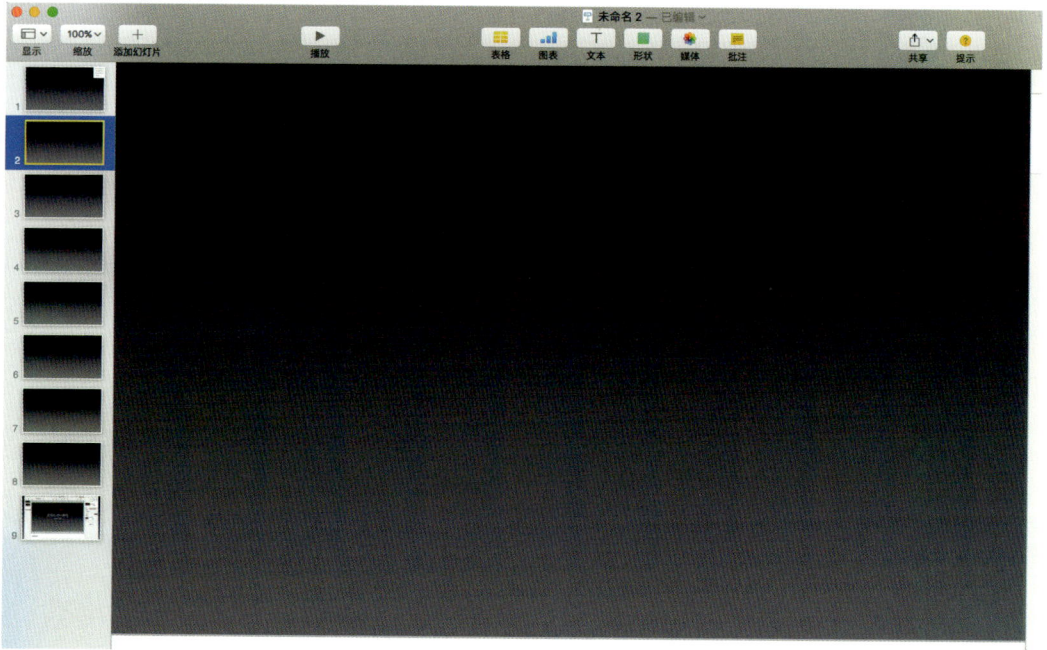

如果调整为25%，就会看到更大的视野，如下图所示。

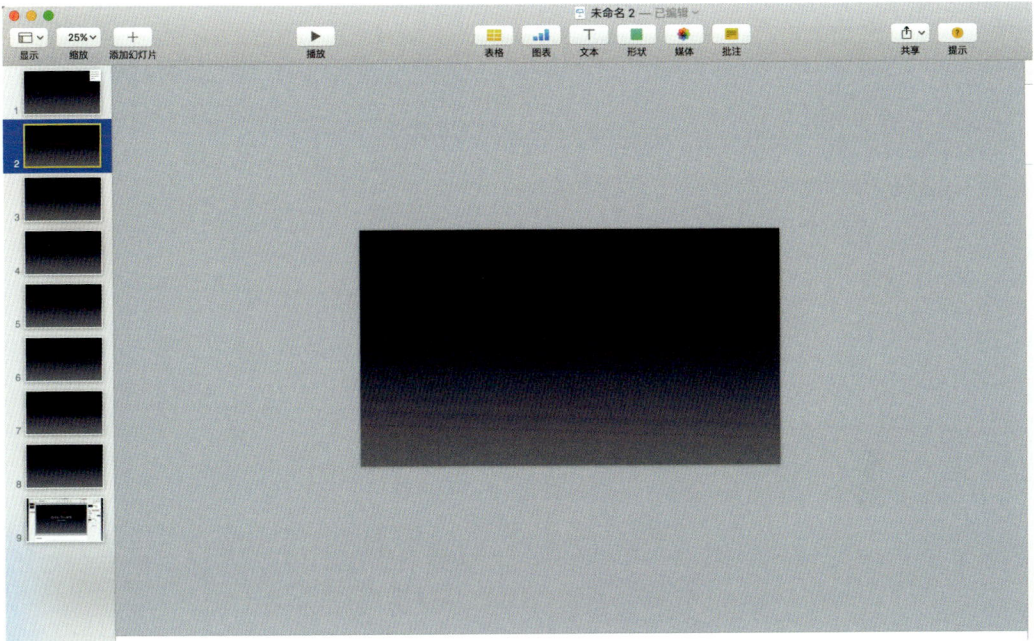

● 添加幻灯片：添加一张新的幻灯片。可以选择不同的默认的板式，如下图所示。

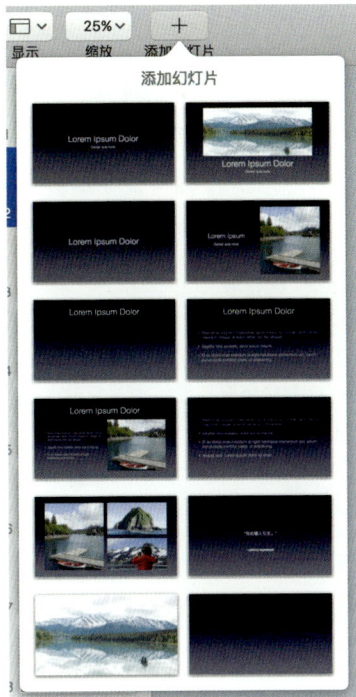

● 播放：播放当前的幻灯片，开始演讲。
● 表格：向舞台中添加表格控件，如下图所示。

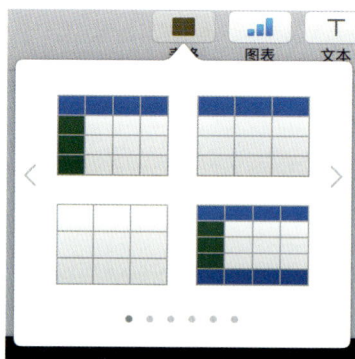

● 表格：向舞台中添加图表控件，如下图所示。

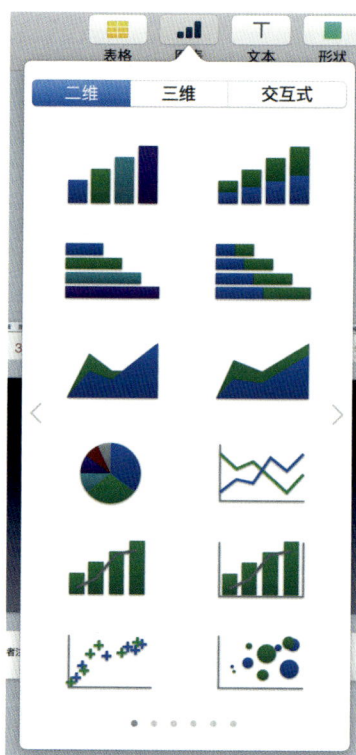

● 文本：向舞台中添加文本控件。
● 形状：向舞台中添加形状控件，如下图所示。

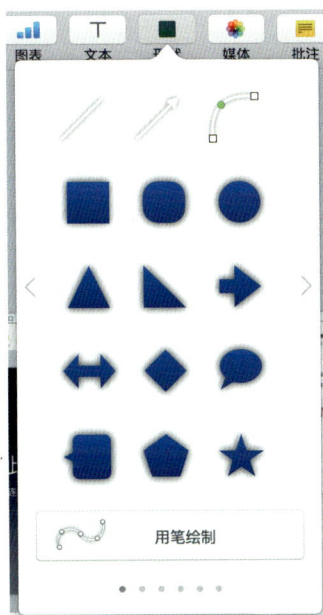

- 媒体：向舞台中添加图片、音乐和影片，如下图所示。

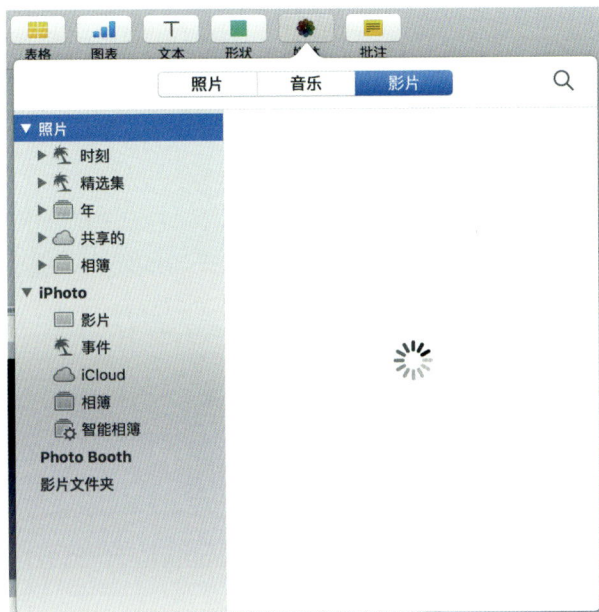

- 批注：向舞台中添加批注。批注在演示的时候不显示。
- 共享：与菜单中的"共享"作用一致。跟其他人分享文档或者将文档上传到iCloud。

● 提示：这个厉害了，只要单击它，就会有关于各个区域和按钮的说明出现，如下图所示。

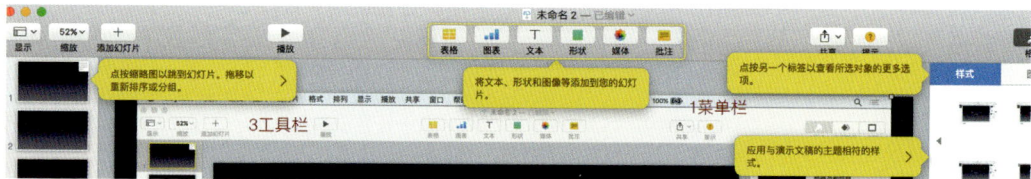

● 格式/动画效果/文稿：这个区域是来给控件修改格式、添加动画和设置文稿属性的区域。每个按钮下方又会随着选中控件的不同，提供更多的功能选择。

第四部分是舞台。所有幻灯片的编辑、控件的编辑，都在这里发生。舞台分为前台和后台。中间的幻灯片部分为前台，凡是在这里的控件，观众都可以看到，在旁边灰色部分的内容，观众都不会看到，如下图所示。

第五部分是控件属性区域。当选中一个控件后，可以在这里为它设置所有的属性。这个区域会随着选中控件的不同而出现不同的内容，是一个动态的区域。

总体来说，Keynote比PowerPoint的按钮少多了，也更加容易上手。不要忘了，Keynote的目的是制作像Apple一样风格简单、观点强烈的幻灯片而被发明的，所以在Keynote里面找不到微软的那些"智能控件"，比如组织结构图、流程图之类的。在Keynote里面，可以使用控件非常简单地制作他们。

下面不多废话了，让我们在Apple发布会的背景下，边重温经典，边学习吧。

Chapter 1

2007 年第一代 iPhone 发布会

扫码看视频

Apple是在2007年MacWorld上出人意料地发布了第一代 iPhone 的。这年的发布会也被看做是乔布斯最成功的一次发布会。当时乔布斯在发布会展示的一些 iPhone 的功能，引起了在座所有人的惊叹。但是即便如此，恐怕当年没有一个人能够想到，iPhone真的能够改变世界，而那届MacWorld上介绍的iPhone功能，也成为了之后将近10年智能手机的标准。多点触控、滑动滚动、双指缩放、虚拟键盘、横向纵向显示……

经典就是经典，即使如今看这个发布会的视频，也能够被其中的创新感染，也会被乔布斯的幽默而开怀。那些第一而唯一的人，总是让人唏嘘。

下面，就用这个经典的 Apple 发布会的演讲稿（Keynote）作为案例，来教大家如何使用Keynote一步一步制作类似Apple发布会的演讲稿。

效果1：Apple 的经典的幻灯片背景

首先是经典的乔布斯式开场。【时间：00：28】

❶ 这个时候的Keynote背景是一个由深蓝黑色到蓝白色的渐变，这是一个Apple在Keynote中默认提供的背景模板。打开Keynote，选择"文件"→"新建"命令。

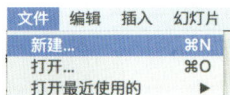

❷ 打开如下的界面。

❸ 在这个页面的最上方有三个标签，分别是"标准""宽"和"我的主题"，默认是"标准"。"标准"标签的模板都是4∶3的，"宽"标签里面的模板都是16∶9的，也就是宽屏幕或者"高清"的。"我的主题"标签里面是用户自定义的主题，之后再讲。这里选择"宽"标签，选择如下图所示模板。

【提示】"渐变"模板是 Apple 在绝大部分发布会中使用的 Keynote 标准背景模板。至于为什么会使用这样一张背景图片，笔者的理解是 Apple 在发布会中会考虑最完美展现的方式。会场的灯光是由上往下打的，所以上面亮、下面暗。为了配合这个灯光环境，幻灯片的上部要暗，下部要亮。

❹ 打开这个模板后，看到如下界面。

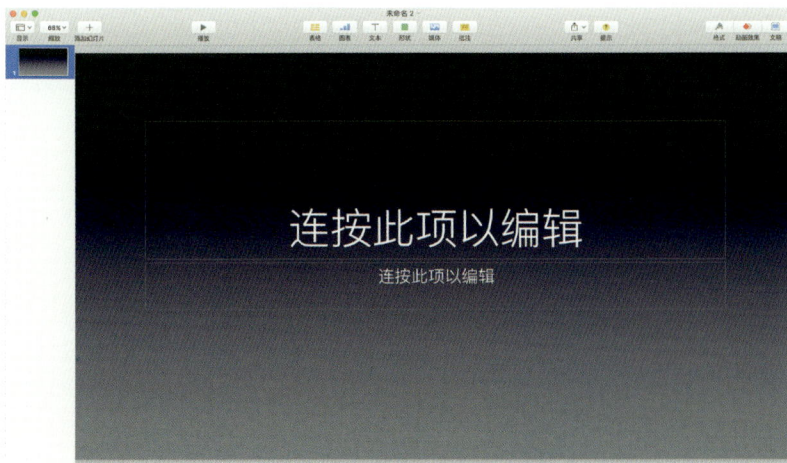

❺ 选中其中的文字，将它们删除。接下来摆放一个白色的Apple Logo就好了。大家可以在网络上搜索，选中一张如下的图片（可在本节的素材库中找到）：

> 【提示】大家肯定觉得很奇怪，Keynote中不是一个白色的Apple Logo么？怎么换成一个有灰色背景的了？这就是Keynote的一个很神奇的功能了。下面会讲到。

❻ 将这张图片复制粘贴到Keynote中，如下图所示。

❼ 选中右侧的"格式"标签，打开"格式"功能区域，再选中"图像"选项卡，并且单击下面的"即时Alpha"按钮，如下图所示。

【提示】Alpha的意思就是"透明"。所以这个按钮的功能就是"即时透明"。选中这个按钮后，鼠标就变成一个准星一样的图标。这个时候会看到一个来自Keynote的提示"点按颜色以使其透明，拖动以使相似颜色透明。"。意思就是说，单击哪个颜色，哪个颜色就变为透明了。

❽ 可以拖曳选中的区域，拖曳的区域越大，透明的区域就越大，如下图所示。大家看到那个圆圈了吗？当拖曳的尺寸为10%时，所有的灰色都变成了淡淡的绿色，这表明所有的灰色区域都将透明。

❾ 如果进一步拖曳，当圆圈到达44%的时候，就会发现，连白色的Apple Logo也变透明了，那可不行，需要的就是灰色部分透明就可以了。

❿ 拖曳到10%，单击下方的"完成"按钮，界面变成了如下图这样。

⓫ 得到了一个纯白色的Apple Logo。可以拖曳它四个方向上的手柄，将它的尺寸变大变小。然后将它拖曳到幻灯片的中间。

【提示】怎么知道到了中间呢？Keynote会自动显示"对齐线"。当拖曳的目标到了水平中心或者垂直中心的时候，就会显示一个黄色的对齐线。当看到对齐线的时候，就知道已经拖曳到中间了。

　　到这里，背景就完成了。可以再调整一下Logo的大小和位置。视频中的Apple Logo要偏上一些。

　　【视频】接下来，乔布斯做了一些寒暄。并说道"we are gonna make some history together today"。（我们今天会一起创造历史）。
　　乔布斯宣布的第一个重大事件，就是Apple电脑从现在开始，要使用Intel的芯片了。

效果2：图片并行展示

这时，界面上出现了如下图所示Intel图标和Intel处理器的图片。【时间：01：05】

【提示】这种图片并行是Apple Keynote中经常出现的场景。一般情况下，Apple在展示大图片的时候，不使用文字，而是用最能体现主题的图片直入正题。那么对于"Apple电脑使用Intel芯片"这个重要主题来说，没有什么比Intel的Logo和Intel处理器的图片最为直接了。

❶ 类似上一节，找来下图所示一张图片。

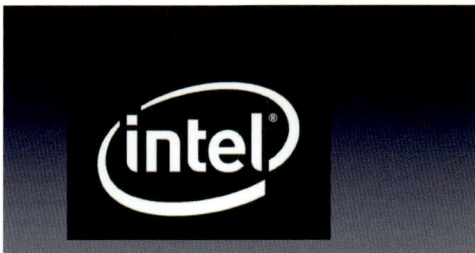

❷ 用上节的同样方式，可以将这个图片处理成仅剩下白色的Intel Logo部分。对于Intel处理器，笔者发现很难找到一张跟Apple一样的图片，所以用下图所示的一张图片来代替。

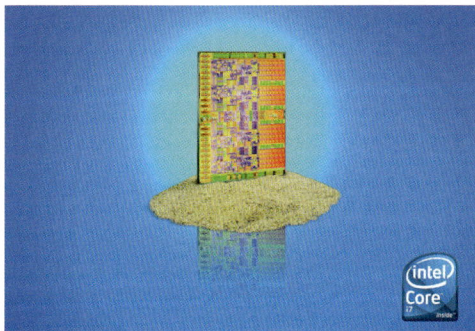

会不会觉得这张图片太复杂了？中间这么多不需要的元素，该如何处理呢？接下来就看如何在不使用Photoshop的情况下，将这张图片处理成类似Apple Keynote中的效果。

❸ 首先把这张图片粘贴到Keynote中，与之前制作的Intel Logo并排放置，如下图所示。

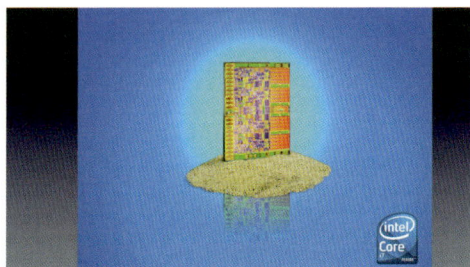

❹ 打开右侧的"格式"区域，选择"图像"选项卡，然后单击"即时Alpha"按钮，拖曳鼠标，将颜色选择定在差不多52%的位置，也就是要将所有的深蓝色和浅蓝色的背景都去除，如下图所示。

❺ 完成后，看到如下的界面。

❻ 背景已经被去掉了，但是剩下的残缺不全怎么办。这个时候，仍然选中这张图片，单击右侧的"编辑遮罩"按钮，如下图所示。

❼ 这时候，图片的四周会出现一些"手柄"，可以通过拖曳这些手柄来"切割"图片。出现在手柄包围区域外的部分，将会被"切除"。经过拖曳后，保留如下图所示区域。

❽ 单击"完成"按钮。调整剩余区域的大小和位置

后，得到如下的图片。

❾ 是不是跟目标很接近了？接下来仍然选中右侧的处理器图片，在右侧的"格式"区域中，选择"样式"，选中"倒影"按钮，将倒影值调整为80%。现在看起来是下图这样的。

虽然跟视频中的还有差距，但是意思已经到了。

【视频】乔布斯基本上每隔3～5分钟，就会有一个包袱出来。包袱不一定是幽默，也可能是重点的产品介绍，或者发人深省的陈诉，亦或是让人吃惊的事实。其实叫包袱并不准确，应该是"锚点"。这些锚点是用来抓用户的注意力的。每隔一会儿，当用户想走神或者想"尿"的时候，你就有新奇的"锚点"抓它们一下，这样能让他们一直关注你所说的，才能把他们带入到气氛当中。

【时间：03：15】乔布斯展示了如下一张幻灯片来幽默一下。

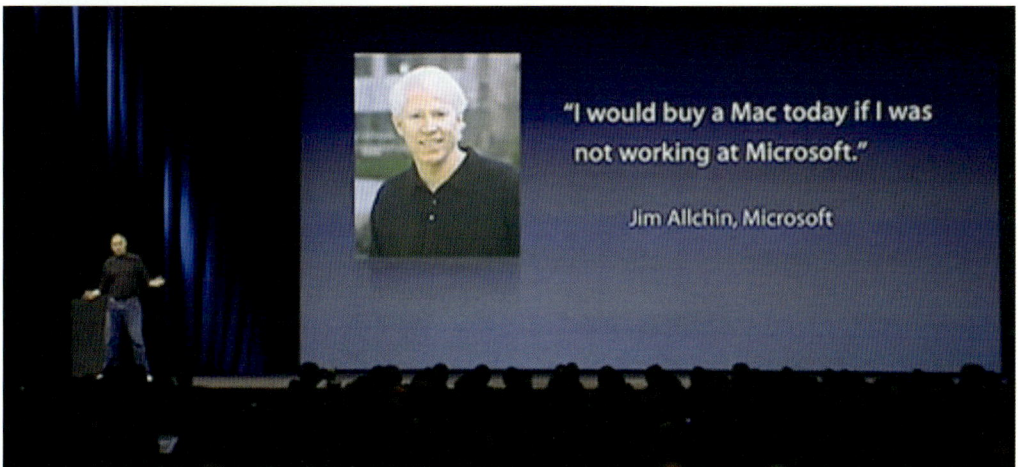

一位微软的高管说"如果我不是在微软工作，那么我一定会买一台苹果的Mac电脑。"现场大笑。

乔布斯说Jim马上就要退休了，所以我拜托我们西雅图零售店的员工们，注意这个白发的老头，当他进店购买Mac电脑的时候，确保他得到我们最好的服务。

接下来乔布斯介绍说我们有一个新广告要跟大家分享，【时间：03：47】就是Apple经典的PC & Mac广告（两个演员，一个扮演Windows PC，一个扮演Apple Mac）。这个广告是一个视频。下面我们就告诉大家如何在Keynote中无缝插入视频。

效果3：无缝播放视频

将视频添加到Keynote十分简单，有两种常用的方式。

第一个就是单击工具栏中的"媒体"按钮，选择"影片"选项卡。

【提示】这里面会显示出来所有当前位于Mac电脑上"影片"目录中的视频。上图中就显示了我们准备好的Hunger Game 的一个MP4视频。请注意，不是所有的视频格式Keynote都支持的。仅支持iTunes和Quicktime支持的视频/音频格式MOV、MP3、MP4、AIFF和AAC。为了安全起见，我们仅使用MP4格式的视频。

单击Hunger Game视频，Keynote就会把它加入到幻灯片中，并且自动将它调整为全屏尺寸。如下图所示。

默认状态下，需要用户单击中间的放映按钮，影片才会播放，但是在演示中，希望视频能够自动播放。这个时候，可以选中视频，在右侧的"格式"区域选择"影片"选项卡，将"在点按时开始播放影片"前面的复选框取消，如下图所示。

这样，当幻灯片切换的时候，影片就会自动开始播放。

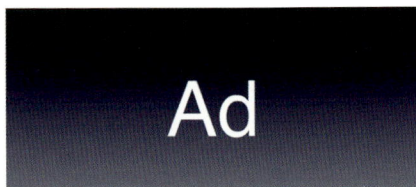

第二种添加视频的方式更加简单，从Finder（Apple Mac的文件管理器）直接拖曳到Keynote里面就可以了。

一般Apple在播放广告前，会放一张幻灯片来表示要播放广告了。这张幻灯片就是一个单独的文本，写着"Ads"（Advertisement的缩写）。字体是默认的Helvetica。如下图所示。

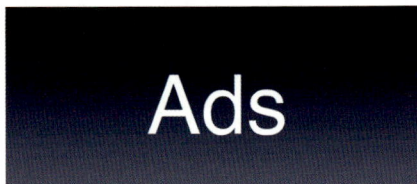

　　希望在播放完这张幻灯片后，这张幻灯片能够慢慢淡出，然后视频开始播放。为了实现这个功能，需要用到"幻灯片过渡"这个功能。在左侧的幻灯片导航区域选中这张Ads幻灯片，在右侧选中"动画效果"标签，选择"添加效果"选项卡，并且选择"渐隐渐现"效果，如下图所示。

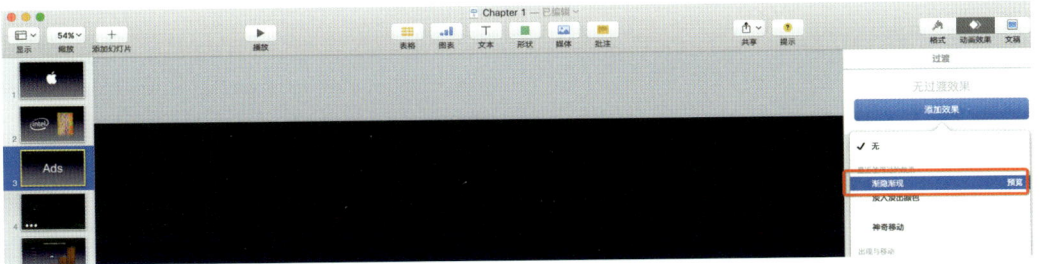

　　默认的时间为1.50秒，把它修改为2.00秒。然后，在Ads这张幻灯片的位置开始播放幻灯片，就会看到Ads幻灯片由明转暗，然后视频开始播放。

　　【视频】接下来介绍iPod——世界上最好的音乐播放器。在这里又使用到了两张图片并排的方式。

　　说到iPod，就不得不提到iTunes。2007年，用户已经在iTunes上购买和下载了20亿首歌。乔布斯接下来展示了iTunes歌曲下载量的一个柱形图：

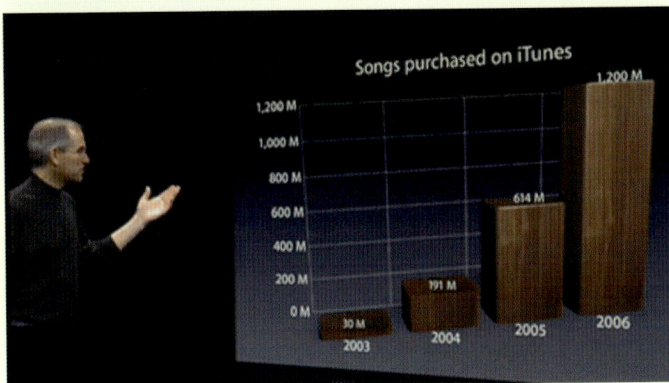

　　下面就来学习如何制作这张柱形图。

效果4：柱形图

❶ 在Keynote中添加图标也很方便。单击工具栏图标，就能看到如下的弹出区域。

❷ 这里列出了常见的图表。如果使用过Excel的图表，就可以很容易理解这里的所有图表。选择"三维"，在这里可以看到所有的三维图表。这里选择如下图表。

❸ 看起来都是木纹的三维柱形图。只是2016年的Keynote与2007年的相比已经有了一些改进。选择后，界面如下图所示。

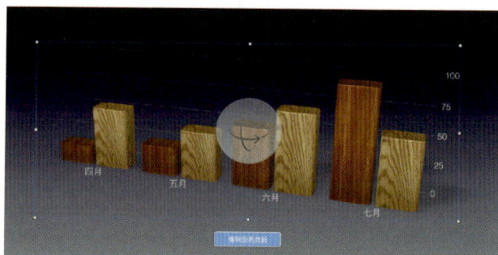

❹ 图标中间有一个多向箭头，鼠标按住它，可以拖动三维视图的角度。先单击"编辑图标数据"，出现如下图所示的表格。

	四月	五月	六月	七月
区域1	17	26	53	96
区域2	55	43	70	58

❺ 右击"区域2"前面的色块旁边的箭头，单击"删除行"命令，因为我们不需要两个柱形图，如下图所示。

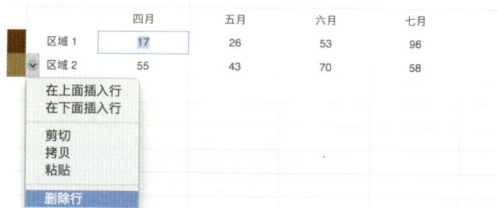

❻ 然后，把四月、五月、六月、七月修改为2003、2004、2005、2006，"区域1"修改为"Songs"。然后在不同年份的格子里分别输入那一年销售的歌曲数目，单位为M（百万），完成后如下图所示。

	2003	2004	2005	2006
Songs	30	191	614	1200

❼ 回到幻灯片，调整一下图片角度，现在看起来如下图所示。

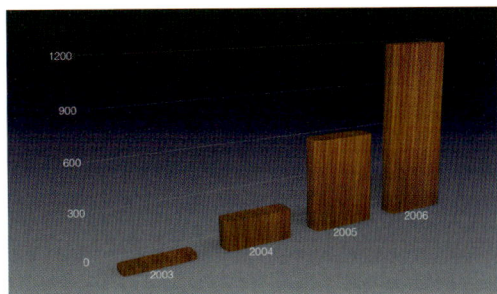

❽ 跟乔布斯的还有些不同。先来调整整体的图表，选中图表，在右侧格式区域，选择"图表"，然后找到"三维场景"这个区域，如下图所示。

❾ 图表深度是用来调整柱形图厚度的，灯光样式是用来调整3D效果的灯光的，条的形状可以选择矩形或者圆柱形。调整后，界面如下图所示。

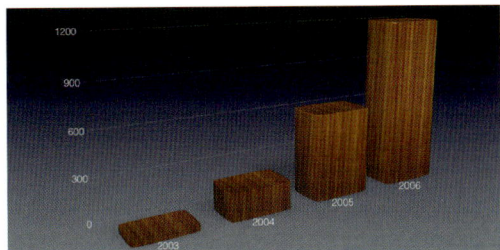

❿ 接下来调整坐标轴。在格式区域选中"坐标轴"，先选择纵轴。在纵轴的设置区域，先看标度。标度可以设定图表的最大值和最小值，一般是自动设置的。最小值一般为0，最大值一般为输入的最大值。等份意思是Y轴要分成几份，上图中分成了4份，所以刻度是0、300、600、900和1200。在这里，把等份修改为6。

接着设置数值标签，我们的Y轴本来就是数字，所以不用修改。因为都是整数，所以小数部分也暂时不需要。如果有需要，大家可以修改你想保留几位小数，如果你选择了2，那么900就会变成900.00。在这里我们要勾选"千位分隔符"，这样，1200就会显示

为1,200。这是国外一种约定俗成的格式，因为他们是使用"千分位"的，也就是每1000分割一次。比如1000显示为1,000。1000000显示为1,000,000。

接下来看看前缀和后缀。这是来控制在Y轴的数值前或者数值后要显示什么固定的文字。我们希望1000显示为1000 M，所以要在后缀里面输入"空格+M"。

位置选中"自动"。也可以选择左边或者右边。

选中实心的网格线，颜色为白色。

全部完成后，现在看起来如下图所示。

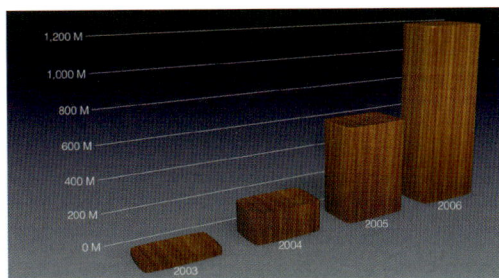

是不是越来越接近乔布斯的版本了？

⓫ 完成了Y轴后，单击"类别（X）"按钮，开始编辑横轴（X轴）。

首先可以设定轴名称和序列名称。轴名称默认为"分类轴"，可以修改。序列名称就是在编辑图表数据时输入的"Songs"。在这个例子中不需要。

"类别"标签定义了如何在每个柱子下方显示年份数据。选中默认的"自动适合类比标签"即可。

最后是网格线，跟Y轴一样，我们也选择实心网格线，白色、1磅。

现在，如下图所示。

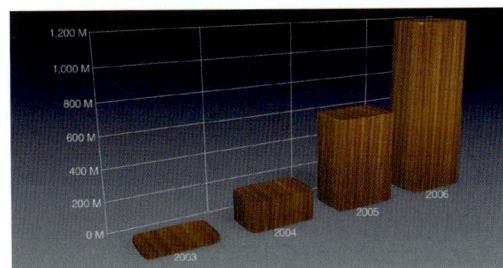

⓬ 接下来选中"格式"区域的"序列"选项卡。数值标签是用来控制如何和是否在柱子上显示输入的歌曲的值的。这里选择"数值"，如下图所示。

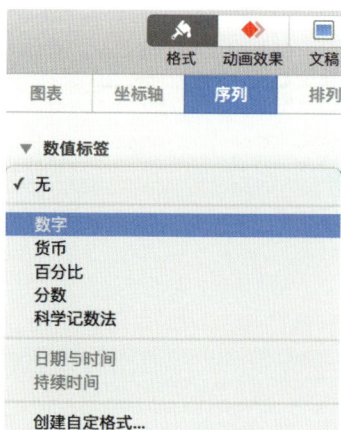

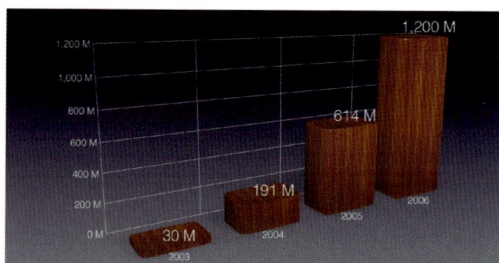

⓭ 最后单击工具栏的"文本"按钮，为图表添加一个标题："Songs purchased on iTunes"。全部完成后，如下图所示。

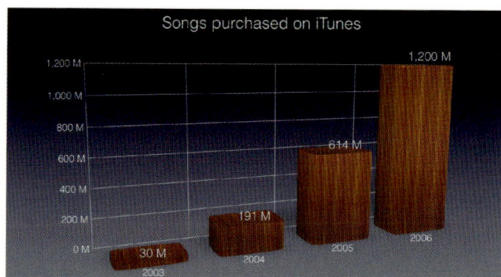

选择数值后，又多出了一些新的选项。同样对后缀输入"空格+M"，位置选择"外部"。这样数字就会出现在柱子顶部的外面。完成后如下图所示。

数值的字体有点大对吧？我们选中一个数值，比如614M，这时候右侧的格式区域会自动变成"数值标签"，可以在这里调整字体的大小。

【视频】iTunes每天可以销售500万首歌。

说到具体数值的时候，有很多时候听众并不能立刻理解这个数字的份量，Apple一般都会做一个类比来让听众明白。所以乔布斯接下来就说了："这就意味着每秒58首歌被下载"。每个人都知道1秒钟有多长，一秒58首歌，听众的感受会更加真切。

iTunes已经超过了Amazon，成为美国第四大音乐销售商。

这个时候乔布斯说"大家可以知道我们下一个目标是谁了吧？"这里又是一个锚点。超过iTunes排名第三的，就是Target。Target这个单词本身的意思就是"目标"。所以乔布斯的意思其实就是"我们的下一个目标就是'目标'"。这是一个双关。

接下来乔布斯介绍派拉蒙也将开始在iTunes上销售电影，然后就是一系列派拉蒙电影的海报一个一个地划过幻灯片，好像走马灯一样。我们接下来就来学习制作这个效果。

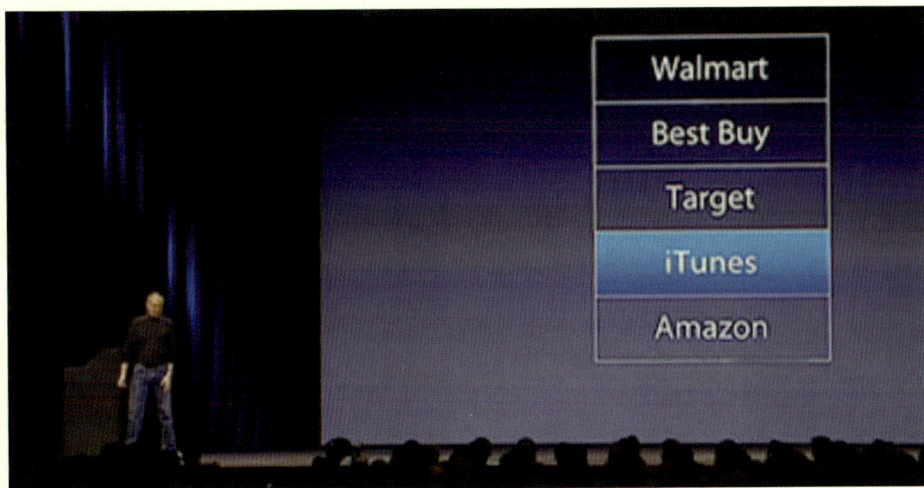

效果5：图片切换

❶ 我们准备了5张电影海报在本节的素材库中，大家可以查看。把5张图片都复制粘贴到Keyonote中，然后拖曳它们边框上的手柄，把它们变成一样的高度。拖曳图片的时候，Keynote会显示参考线，当两张图片一样高的时候，参考线会齐平，如下图所示。

❷ 调整好高度后，同时选中5张图片，然后在右侧格式区域选择"排列"选项卡，选择"对齐"下拉列表的"居中"，就会看到5张图片在水平方向上居中对齐了，如下图所示。

　　然后，再同时选中5张图片，选择"样式"选项卡，然后勾选"倒影"选项。这样5张图片都有了镜像的倒影。

　　继续同时选中5张图片，这里要使用"动画效果"这个工具了。选中右侧的"动画效果"面板，然后可以看到"构件出现"、"动作"和"构件消失"三个选项卡。它们分别用于如下的功能：

- 构件出现：如果你希望在构件（图片，文本，视频）在出现在幻灯片中的时候添加动画效果，就选择这个选项卡。
- 构件消失：如果你希望在构件（图片，文本，视频）在从幻灯片中退出或者消失的时候添加加动画效果，就选择这个选项卡。
- 动作：如果你希望在构件进行一些定制的运动，比如从A点移动到B点，就选择这个选项卡。

❸ 很明显，选择"构件出现"就可以了。鉴于本节的效果，选择"添加效果"，然后选择"漂移"，如下图所示。

❹ 这个时候会出现"漂移"更多的参数设定，如下左图所示。

方向就是从左到右，持续时间默认为4秒。单击"预览"按钮可以预览效果。单击"更改"按钮可以将动画效果更改为其他选择。

❺ 这时单击右侧最下方的"构件顺序"按钮，这里控制着每张图片的展示顺序和时间，如下右图所示。

可以拖曳每个构件，并调整顺序。将"海报1"放在最上方，"海报5"放在最下方。

❻ 接着，仅选中"海报1"，在"起始"下拉框中，选择"过渡之后"。意思是从上一张幻灯片过渡到本张幻灯片后，就立刻开始"海报1"的动画效果。如果选择了"在点按时"，那么就要等演讲者手工单击后才开始"海报1"的动画效果。

❼ 然后选择"海报2"，在起始处选择"在构件1之后"。这样就能在"海报1"动画结束后，自动开始"海报2"的动画。以此类推，分别选中每个接下来的海报，让它们都在前一个海报动画后自动播放。

完成后播放幻灯片，已经有我们要的效果了。

【**视频**】【时间：10：24】超酷的iPod广告，彩色的剪纸人戴着白色的Apple耳机，相信大家都见过这个广告，如下图所示。

接下来略去Apple TV的发布部分（因为大部分都是演示），然后乔布斯来到了下面这样一张幻灯片。

他说"这是我等了两年半的一天，每过一段时间，都有一个革命性的产品出现，然后改变一切！职业生涯中能够有一次参与到这样的产品都是幸运的。Apple有幸参与了几次。"

1984年，Apple制造了Macintosh，它不仅仅改变了Apple，也改变了整个电脑行业。

2001年，Apple制作了第一代iPod。它不仅仅改变了我们听音乐的方式，也改变了整个音乐行业。

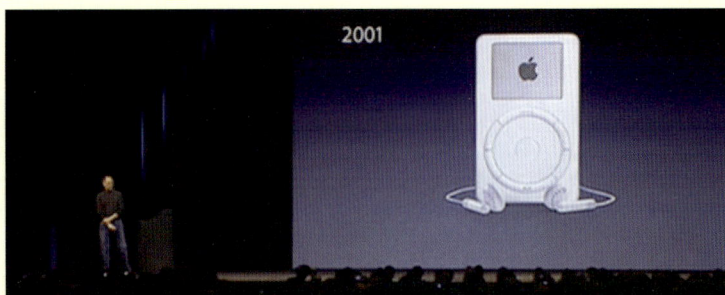

而今天，我们将要介绍"三个"革命性的产品。

在我们继续前，我们回头看一下乔布斯叙述的方式。他从1984年开始，逐渐递进，来强调和衬托他的最终目的："三个"革命性的产品。这就是一个讲故事的过程：铺垫，引起大家的兴趣，然后开始娓娓道来。

第一个革命性产品，是一个宽屏的iPod，配备触摸控制。（台下欢声雷动。估计那个时候大家都不知道触摸控制具体是什么意思。）

第二个革命性产品，是一个革命性的手机。（台下疯狂的叫喊！）

第三个革命性产品，是一个突破性的互联网通讯设备。

于是乎，三个产品，iPod、Phone、Internet：

　　然后，乔布斯一边让三个图标旋转，一边不断重复 "An iPod, A Phone, An internet communicator，An iPod, A Phone, An internet communicator…你们明白了吗？"

它们不是三个设备，它们是一个设备！！！！
我们把它叫做iPhone。

今天，Apple重新发明了手机。这个就是：

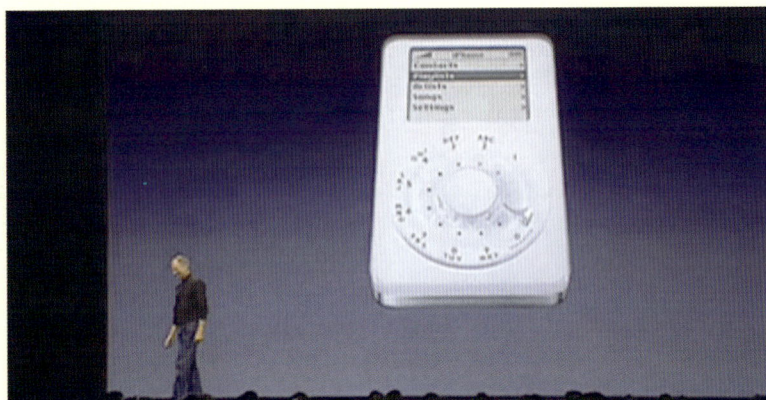

玩笑开大了。不过现在要真的有人在淘宝上卖这个，估计也会有不少人买了玩。

然后先把iPhone放一边，来看看目前市场上的"Smart"Phone。

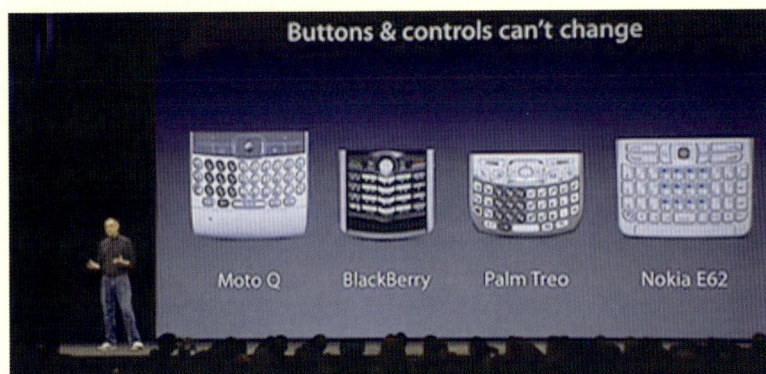

一个很大的问题就是他们都有一个固定而巨大的键盘，占据了整体的大部分面积。无论你用还是不用，它们都在那里，而且一旦出售了就无法改变。

而iPhone呢，没有这些东西，只有一个巨大的屏幕：

这是世人第一次见到iPhone。对于那个时候的用户来说，这个真的是一个巨大的屏幕。想想10年前你用的手机，大部分屏幕大小就跟如今空调遥控器上的屏幕一样。

那么这样的屏幕，我们如何来操作呢？有人可能说要用一个触控笔。乔布斯说出那句至今让人津津乐道的话：谁会想要一个触控笔？

他当时估计也不会想到，9年后的今天，Apple发布了Apple Pen，一个用在iPad Pro上的触控笔。在当时，Apple不用触控笔，Apple使用多点触控技术，它工作起来就是像"魔法"。

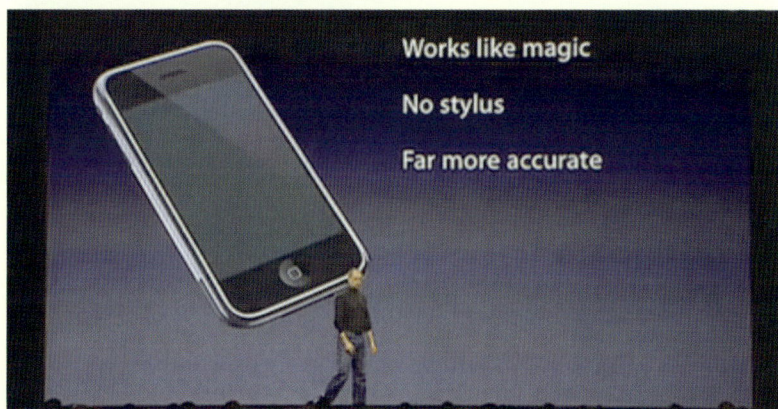

乔布斯继续介绍多点触控的好处：更加精确、自动忽略无意识的触碰、多个手指的姿势识别……最重要的是，Apple申请了专利！

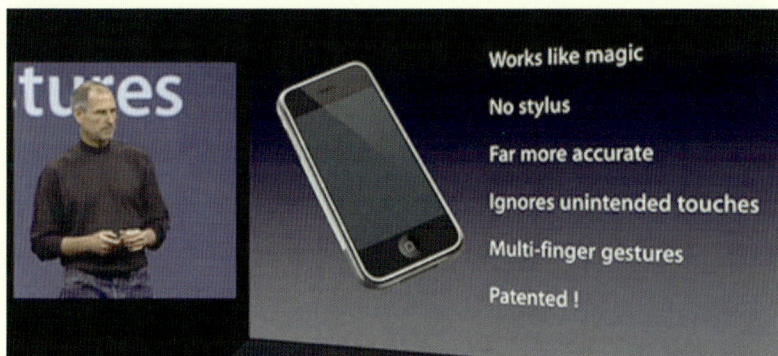

【时间：34：46】这时有一个从文本"Software"转换到"Breakthrough"的效果。"Software"文本天女散花般地消散而去，然后"Breakthrough"出现。下面我们制作这个简单的效果。

效果6：字体飞舞

这个效果其实用到了Keynote的一个内置效果，只不过到了目前2016年最新版本的Keynote，这个效果已经被改进了，并且添加了很多其他效果。

❶ 先在节目中添加一个"Software"的文本，字体为"Helvetica"，252磅大小，如下图所示。

❷ 然后选中文本，单击用户格式区域的动画效果选项，然后选择"构件消失"，再单击"添加效果"。这里面列出的所有效果，都是能让"Software"消失的效果。在最新版的Keynote中，只要单击右侧的"预览"按钮就能够实时看到效果。

整体上分为三个部分：

● 出现与移动。
● 翻转、旋转与缩放。
● 特效。

选中特效中的"五彩纸屑"效果，非常漂亮。整个字体会散做五彩纸屑飞散。当然，大家也可以尝试自己喜欢的效果。

❸ 接下来添加一个"Breakthrough"文本，放在与"Software"重合的位置。希望"Software"消失后，"Breakthrough"就能出来。

❹ 选中"Breakthrough"，然后在右侧动画效果中选择"构件出现"，再添加一个"出现"效果。"出现"效果没有什么特效，就是出现。

❺ 然后单击右侧底部的"构件顺序"按钮，出现如下界面。

❻ 现在两个构件的动画效果是分开的。希望"Breakthrough"能在"Software"消失后立刻出现，所以选中"Breakthrough"，然后在起始中选择

"在构件1之后"。

❼ 然后就会看到他们连在了一起，如下图所示。

还可以调整"构件1"粉碎的时间长度来跟"构件2"更好地配合。这个留给大家自己完成吧。

【视频】接下来乔布斯继续介绍iPhone的各种特点，前面、背面和侧面。在介绍背面的时候，使用了一个很有趣的效果，我们姑且叫他聚光灯效果。它把屏幕的其他部分变成灰色的蒙版，将要介绍的摄像头部分高光显示，如下图所示。

下面我们学习如何制作这个效果。

效果7：高光效果

❶ 首先从本章的素材库中找到这样一张图片，并把它复制/粘贴到幻灯片中，如下图所示。

❷ 去掉左侧的正面图片，然后把背景的白色使用"即时 Alpha"命令去除。现在看起来如下图所示。

❸ 然后，复制该幻灯片，并且粘贴出来一个新的幻灯片，如下图所示。

❹ 在复制出来的幻灯片上，选中手机的图片，复制、粘贴出来一张一模一样的手机图片，移动它，放置在复制之前的图片相同的位置，如下图所示。

❺ 选中在"上方"的一张新复制出来的图片，在工具栏中选择"格式"→"图像"→"用形状进行遮罩"→"圆角矩形"命令，如下图所示。

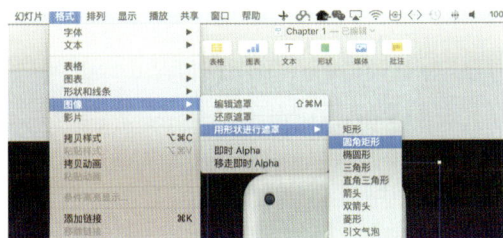

这个时候，幻灯片上会出现一个圆角矩形的选择框。（大家会再次看到我们添加进来的图片原图，不用紧张，它不会全部显示出来）。

❻ 选中这个圆角矩形的选择区域，调整大小，然后把它拖曳到摄像头的位置。（注意，拖曳的时候，要拖住矩形的边框部分），如下图所示。

7 选择"完成"。这个时候，界面又恢复了原状，好像什么也没有发生一样。但是，其实第二张图片已经被我们使用这个圆角矩形作为一个"蒙版"给切割了，只有圆角矩形覆盖的部分才保留了下来。如果不信，按住 iPhone 图片上 Apple 标识部分，拖曳图片，会看到如下图所示的效果。

8 看到了吗？其实我们是有一个摄像头的部分保留下来的。把 iPhone 整体图片移动回去，保证两个图片的摄像头依然重合。然后，单击"形状"按钮，选择矩形，如下图所示。

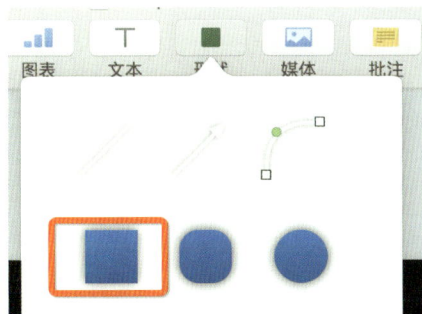

9 然后，在右侧的格式区域调整这个矩形的属性：

- 填充：颜色填充，灰色。
- 边框：无边框。
- 阴影：无。
- 不透明度：50%。

完成后，界面看起来如下图所示。

10 要让这个半透明的矩形盖住之前的 iPhone 图片，但是不能盖住单独的摄像头部分。如何做到呢？首先选择单独的摄像头部分，右击它，然后选择"移到最前面"命令，如下图所示。

这样，摄像头部分就不会被任何界面上已有的元素覆盖住。（Keynote 默认设置就是最后一个添加到界面中的元素在 Z 轴方向上位于最上面。）

11 完成上一步后，再次选择半透明的矩形，然后把它的尺寸调整到跟整个幻灯片的尺寸一样，如下图所示。

这时候，可以看到效果，除了摄像头部分外，其他部分好像都被遮了起来。其结果就是强调了摄像头部分。

12 添加如下的文字"2 Megapixel"，然后单击"形状"按钮，添加一个箭头，如下图所示。

13 调整箭头的粗细，全部完成后如下图所示。

【**视频**】接下来是一段很长的视频介绍iPhone作为一个"宽屏"iPod的功能。乔布斯第一次演示了滑动解锁，全场嚎叫。

然后就是著名的滚动列表功能。乔布斯问，当我想滚动列表的时候，我该怎么做？"滚动列表"就好了。

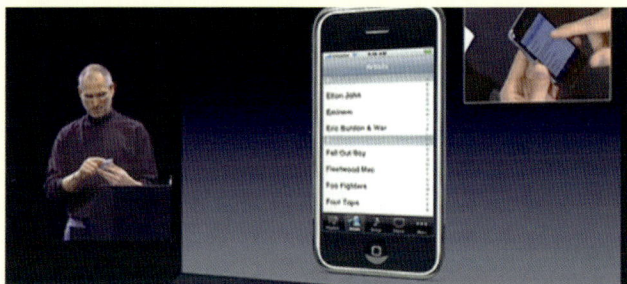

继续演示史上首创的横屏模式。

最后，乔布斯又似自言自语，我之前把刚才给你们演示的内容演示给一个Apple之外的人，他从来没有看过这些。结束后，我问他觉得怎么样，他说:

　　可以文雅的翻译为"当你滚动（列表）的时候就搞定我了"。当然，现在比较主流的翻译会翻译为"你开始滚动的时候我就湿了"。这又是一个搞笑的包袱，全场大笑。

　　介绍完作为宽屏iPod的功能，接下来就是介绍iPhone如何作为一个革命性手机的存在。乔布斯说，iPhone作为一款革命性的手机，它的杀手级应用是什么？杀手级应用就是"打电话"……

　　乔布斯接下来跟Phil Schiller和Johnny Ive进行了一个三方通话，演示了iPhone强大的电话、多方通话、合并通话和电话会议功能。对于这种功能性非常强的场景，一个生动的演示要比任何画面强大。一个简单的通话，乔布斯也能玩出花样来让观众兴奋。他先打给Ive，说了两句，突然有Phil的电话进来，乔布斯就让Ive等待，接起了Phil的电话，Phil第一句话就是"我想成为你第一个用iPhone打电话的人！"。全场大笑。所以，同样是电话演示，有趣的设计、寓教于乐，是在演讲过程中需要注意的。你希望台下的人能够记住你说的话，然后成为你的布道者，而不是无聊地听你念叨。

　　然后，他史上第一次展示双手指缩放功能。

　　接下来，是展示iPhone作为一个突破性的互联网沟通工具的特点。

　　这其中最精彩的一幕，就是乔布斯用在iPhone上的Google Map，找了一家离自己当前很近的星巴克咖啡馆，然后打电话过去说"hi，我要4000杯拿铁，外带！"。然后他立刻笑了，说"不好意思，开玩笑的，打错了，再见！"。全场又是鼓掌爆笑。

　　讲解完了产品本身，乔布斯首先邀请Google的CEO Eric Schmidt上台演讲（那个时候Eric Schmidt还是

Apple的董事会成员之一），Schmidt说我有幸加入了Apple的董事会，在董事会里经常有一些讨论，比如我们应该把Apple和Google合并，然后叫它"Applegoo"……

　　Schmidt下台的时候，乔布斯说，作为董事会的成员，你会得到一台我们第一批的iPhone。这是一个引子……几分钟后，Yahoo的CEO杨致远登台，上来就说"我不是董事会成员，可是人家也想要一台……"。

　　接下来我们看一个切换的例子，我们叫它彗星切换。

效果8：彗星切换

【提示】在视频的87分42秒，乔布斯对比了其他手机上电子邮件的界面和iPhone电子邮件的界面，如下图所示。

先展示了其他手机上的样子，然后切换到iPhone的时候，一颗流星划过，BOOM！

iPhone上的电子邮件：

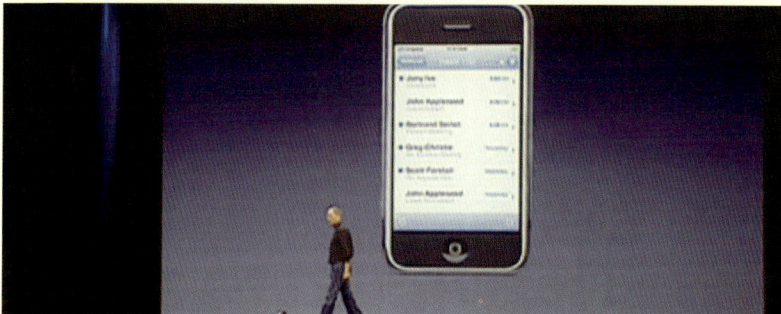

❶ 下面就来学习如何制作这个效果。首先要找四张老的智能手机的图片，很简单，在Baidu上输入"Ugly Phone"就可以了。

　　把四张图片放置在界面中，然后调整大小，让它们位于一排。当拖动它们的时候，会看到黄色的参考线出现，用参考线既可以用来对齐它们，也可以用来确保间距一致，如下图所示。

❷ 第二个幻灯片仅放置iPhone的图片，如下图所示。

❸ 关注第二张幻灯片，选中iPhone图片，然后在右侧的格式区域选择动画效果，添加一个"彗星"的效果，如下图所示。

特效

五彩纸屑

彗星　　　　　　　　　　　　　　　　　　**预览**

滚滑

火焰

❹ 将持续时间修改为1秒，单击"构件顺序"，在"起始"处选择"过渡之后"。"过渡"就是从一张幻灯片切换到下一张幻灯片的过程，"过渡之后"就是指在完成切换后，立刻播放这个动画，如下图所示。

现在再回到四个手机的那个幻灯片，播放，是不是看到一颗大流星呼啸而过？

【视频】这是乔布斯对于iPhone的总结：你的人生就在你口袋里。终极数码设备！

接下来是Cingular的CEO上台讲话，讲述他们如何成为iPhone的第一个运营商合作伙伴。

然后乔布斯再上台，他的幻灯片切换器坏了。乔布斯换了两个都不管用。他大声说了一句"切换器不工作了！"。然后突然笑着说"我猜这会儿后台一定乱作一团了！"，然后全场大笑。乔布斯又用幽默化解了现场的尴尬。然后他又试了几次，还是不管用。下面的观众开始有些噪声。这个时候乔布斯清了清嗓子说"我记得我在高中的时候，史蒂夫（史蒂夫·沃兹尼亚克—Apple的另外一个联合创始人）发明了一个电视信号干扰器，能够干扰电视信号。然后他俩就一起，把干扰器放在口袋里面走到一个宿舍里面。里面有人在看电视，应该是星际迷航（Star Trek），这个时候史蒂夫就开始干扰信号，然后就有人过去试图修复天线。当那个人一只脚在地上，另外一只脚在空中的时候，史蒂夫就恢复电视信号……（当然，当他恢复站立的时候，史蒂夫又会干扰信号……让他们以为自己的身体要保持某个姿势的时候，电视信号才能正常），很快，就有人开始做如下这个动作来恢复电视信号。

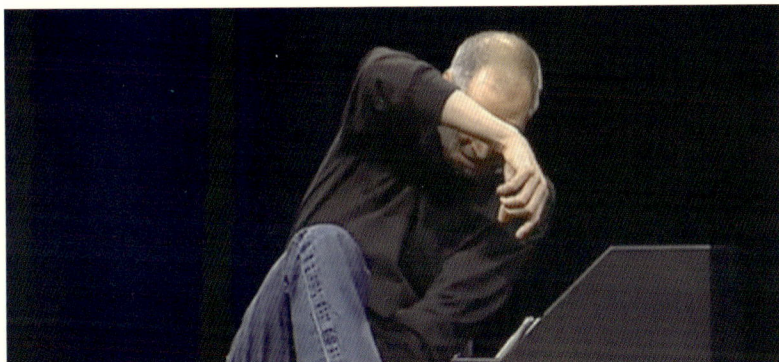

直到他们看完一整集的星际迷航……

接下来乔布斯想向大家展示一下手机的市场规模。这一次，他又用了类比的方式，见如下这张图。

这张图的特点在于每一个柱形图都有一个从平地升起的效果。我们这就来学习制作方式。

效果9：升降柱形图

❶ 单击"图标"，选择"三维"中的第一个柱形图，如下图所示。

现在界面看起来如下图所示。

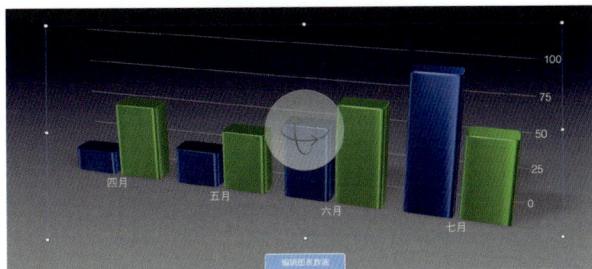

❷ 选中图表，然后在右侧的工具栏选择"格式"→"图表"命令，然后找到图表颜色。这里列出了一些六个颜色的选择集合。每个集合中的六个颜色，就是图表中每个序列（柱形）的颜色。左上角是第一个颜色，右下角是最后一个。单击这个色块，选择

一个偏金属冷色的颜色，如下图所示。

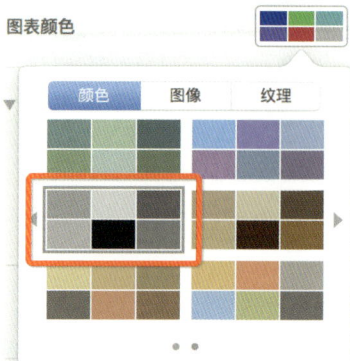

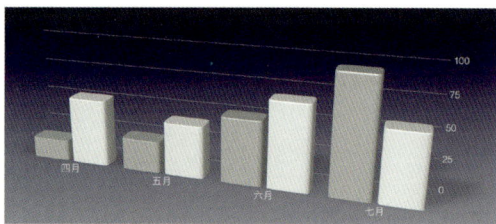

❸ 接下来单击"图表"，再单击"编辑图表数据"，将"区域2"删除，并且在"区域1"中输入如下图所示数值。

	Game Consoles	Digital Cameras	MP3 Players	PCs	Mobile Phones
区域 1	26	94	135	209	957

❹ 然后，拖曳图表中间的那个三维手柄，调整图表的视觉角度，再调整图表尺寸，这时界面如下图所示。

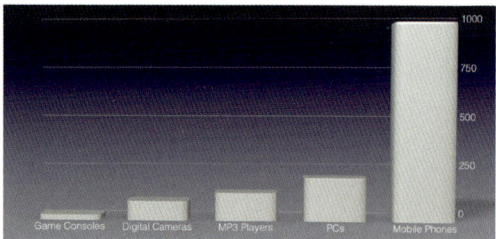

　是不是跟目标接近了？

❺ 接下来要去除所有的坐标轴和参考线，选中图表，选择"格式"→"坐标轴"→"值（Y）"命令，然后找到"网格线"，选择"无"，如下图所示。

❻ 然后去除坐标轴，选中图表，选择"格式"→"坐标轴"→"值（Y）"命令，然后找到"数值标签"，选择"无"，现在图表如下图所示。

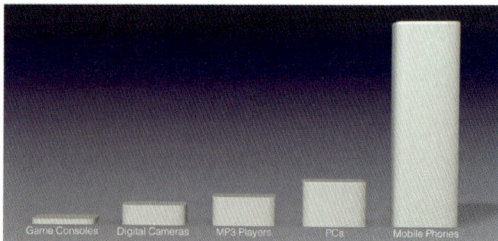

❼ 接下来要添加每个柱子上面的数值。选中图表，选择"格式"→"序列"→"数字"，如下图所示。

❽ 然后在新增的格式标签中，后缀中输入"空格M"，然后"位置"选项中选择"外部"，如下图所示。

❾ 这样，在所有的数字后面，都会多出一个字母"M"，表示单位是"百万"，而且数字会位于柱子的外部，现在图表如下图所示。

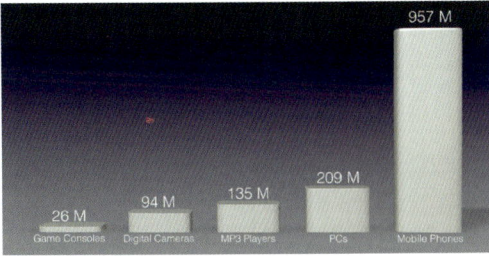

❿ 最后，单击"26 M"这个数字，图表会自动选中所有的数值标签。然后在右侧格式区域选择"格式"→"数值标签"命令，然后在下面修改字体的颜色（金黄色）。

单击色块右侧的调色板，会出现更多颜色的选项，如下图所示。

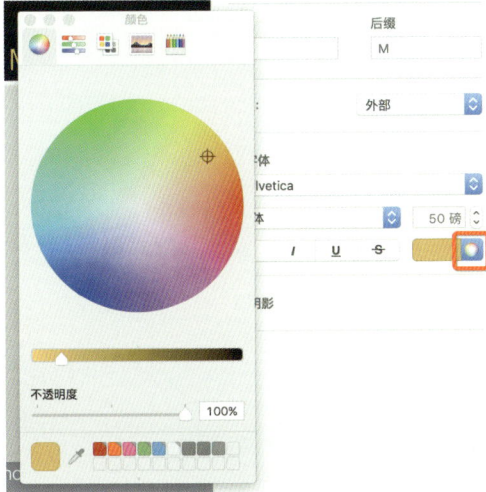

⓫ 然后为图表添加标题，如下图所示。

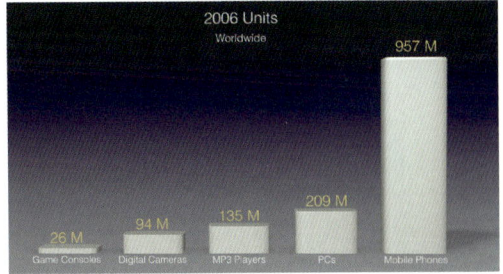

⓬ 最后，自然是为图表添加自动升降动画了。选中柱形图，然后选择右侧的"动画效果"→"构件出现"命令，然后选择"三维成型"这个动画，将持续时间修改为1.50秒，如下图所示。

⓭ 单击"构件顺序"，然后在弹出的窗口中选择起始"过渡之后"。这样动画就会在切换幻灯片后自动播放。

播放幻灯片，柱形图已经自己升起播放了。

【视频】最后，乔布斯说，我们除了Mac之外，iPod、Apple TV和iPhone，都不能称作是电脑了。所以，我们决定去除Apple Computer Inc（Apple电脑公司）中的"Computer"，从今天起，改名叫"Apple Inc（Apple公司）"。

最后的最后，乔布斯又一次引用了一个名人名言，是一个著名的冰球运动员韦恩·格雷茨基（Wayne Gretzky），加拿大的职业冰球明星，得到2857分的"伟大冰球手"，14岁时签约参加职业联赛。在美国全国冰球协会（NHL）征战了20个赛季，至今保持美国职业冰球最高进球纪录，于1999年退役。他说"我滑向冰球要去的地方，而不是它曾在的地方"。乔布斯说，这也是我们想要做的。

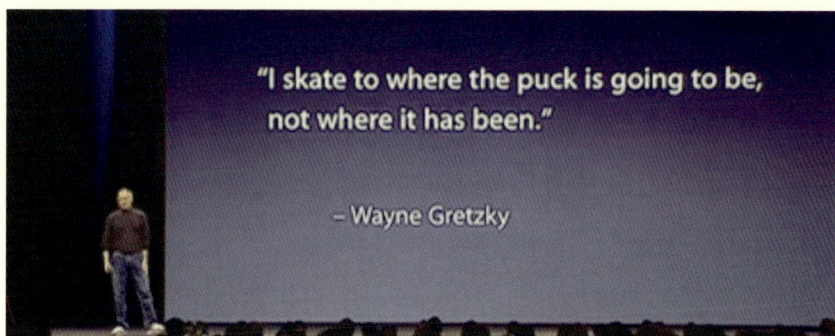

【总结】

2007年的苹果发布会，有太多的经典，太多的创新，太多的划时代，太多的革命。现在看来又有太多的遗憾。人的一生中又有几次这样的体验？是的，当我看到你滚动，我就永远无法忘怀了。

Chapter 2

2008 年WWDC iPhone 3G 发布会

扫码看视频

2008年，我们敬爱的乔布斯的身体状态已经明显下降，非常消瘦。

WWDC是Worldwide Developer Conference （世界开发者大会）的缩写，每年举行一次。主要针对那些为Apple产品开发软件的工程师们。虽然WWDC是一个关于软件的盛会，但是Apple也会发布硬件产品。

下面我们来看第一个值得学习和注意的案例。

效果1：一图胜万语

乔布斯先展示了一个三条腿的凳子。【时间：02：04】一般人都说三条腿的凳子不靠谱，但是这个凳子看起来很靠谱。大家在本节的素材目录中可以找到这个凳子。

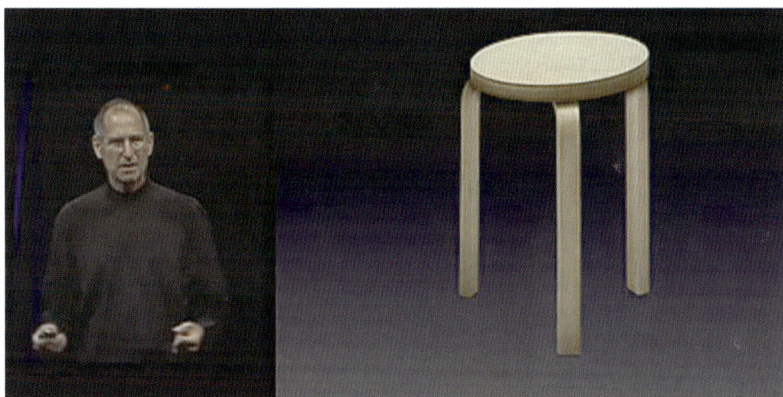

Apple目前业务的三大支柱为Mac、Music（iPod）和iPhone。

这一目了然地说明了Apple作为一家庞大的公司的业务重点。而且每个在场的人都可以理解，并且会很形象地记住乔布斯说的话。不像很多人演讲，你可能记得住他讲了4点，但是是哪4点就忘记了。

在演示这个幻灯片的时候，当Mac、Music和iPhone这三组文字出现的时候，乔布斯用了一个文字出现的特效，这个特效叫做"闪亮"。选中文字后，在右侧的动画效果区域中可以选择，效果就是一堆星星一闪，文字就出现了，如下图所示。

【视频】乔布斯接下来说自己会邀请Scott Forstall、Phil Schiller和Bertrand Serlet来讲解一部分内容。估计是他自己的身体状态不允许他做长时间的演讲。

　　35天前，Apple开启了iPhone的开发者平台，然后就有25万人下载iPhone的开发软件包。说明很多开发者都希望为iPhone开发软件。

　　在即将发布的iPhone 2.0软件中，包括了三个大方面的升级，第一个方面就是企业级的支持，第二个是新的开发者SDK工具包，最后一个是新的功能包。

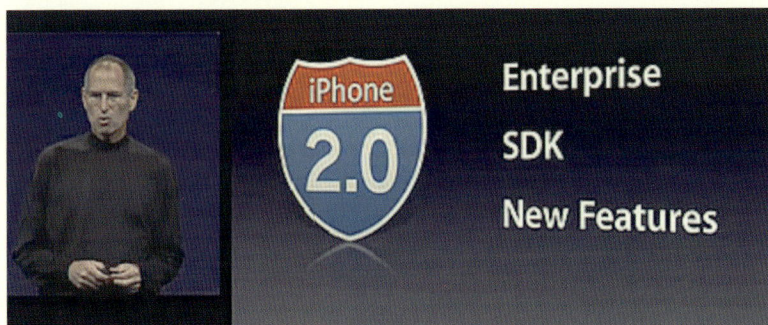

　　对于企业来说，Apple可以在iPhone上运行微软的Microsoft Exchange邮件服务，同时又跟思科合作进行了很多安全方面的升级。

　　事实上，所有开发者和用户想要的功能，iPhone 2.0都提供了。

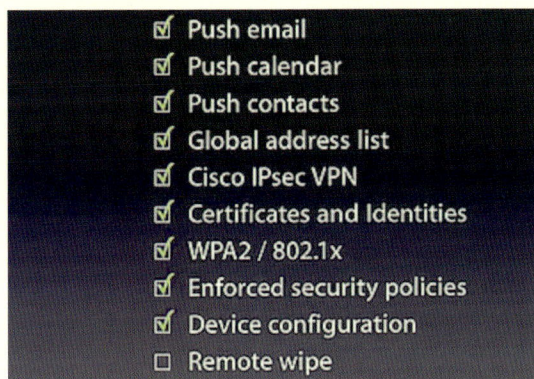

在这里乔布斯使用了一个动态的列表功能。每一个复选框能够单独被勾选。下面我们来制作这个效果。

效果2：动态选择列表

【时间：05：13】我们把一个勾选的复选框看做两个部分，一部分是一个白色的正方形，一部分是一个绿色的箭头。所以整体的效果就是，让一列绿色的箭头一个一个依次出现。下面我们就来制作。

❶ 先添加一个正方形到幻灯片中，方法是单击"形状"按钮，然后选择正方形，如下图所示。

❷ 现在一个蓝色的矩形出现了在界面中，这个不是我们想要的。选中矩形，在右侧选择"格式"→"样式"命令。先找到"填充"，选择"无填充"，因为白色矩形里面是没有东西的。然后找到"边框"，选择"线条"，将线条的颜色修改为白色，再将粗细修改为2磅，如下图所示。

❸ 把这个矩形的尺寸修改为1.28cm×1.28cm。Keynote默认单位有可能是磅，修改的方式很简单，选择Keynote菜单，然后选择偏好设置，如下图所示。

❹ 在弹出窗口中单击"标尺"按钮，然后将标尺单位修改为厘米，如下图所示。

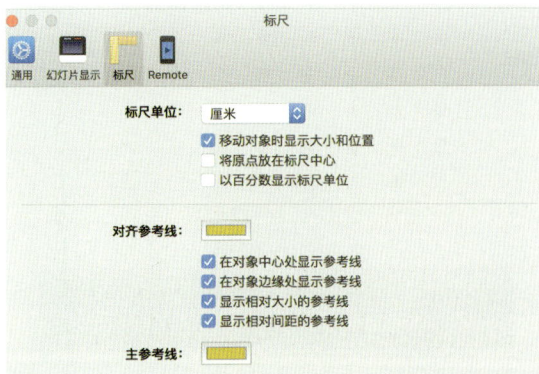

❺ 在正方形后面输入文本"Push Email"，并且挪动文本处于同一水平线上居中对齐，如下图所示。

❻ 接下来要添加那个绿色的箭头。当然可以到百度去搜索一个绿色的箭头图片来使用。不过Keynote早就为我们准备好了成千上万的图标。

　　单击"编辑"→"表情与符号"命令，可以打开如下的对话框。

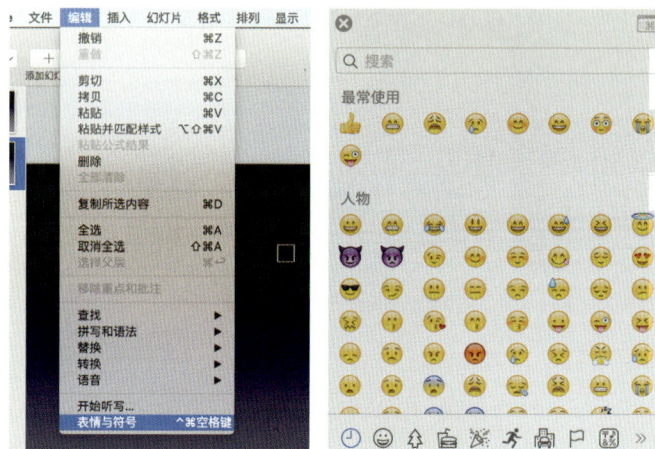

❼ 可以看到无数的表情和符号。单击右上角的那个图标，▦。切换到详细模式。然后单击右侧的"项目符号/星星"，找到对勾，双击它就会被添加到幻灯片中。如下图所示。

❽ 选中它，在"格式"→"文本"区域调整大小和颜色，然后把它移动到白色正方形上方，如下图所示。

是不是跟视频中的很像了？

❾ 然后，选中绿色的箭头，为它添加动画效果。在右侧选择"动画效果"，然后选择"构件出现"，再选择
"渐隐渐现"，如下图所示。

　　完成后，当播放动画的时候，单击鼠标，绿色箭头就会渐渐出现。

❿ 接着，"框选"白色矩形、绿色对号和文本部分，如下图所示。

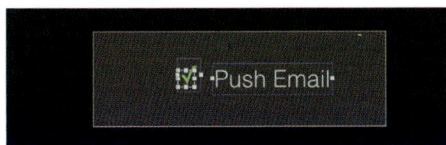

⓫ 然后选择复制，再粘贴，这样就有了又一组元素，如下图所示。

⓬ 将文字修改为"Push calendar"，然后依次完成所有的文字，如下图所示。

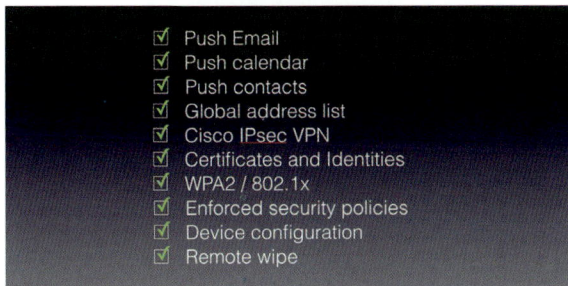

　　然后播放，就可以看到绿色对勾一个一个被勾选了。

【视频】接下来播放一些企业高管的访谈。
　　Scott上台介绍iPhone 2.0的SDK。他使用XCode（iPhone开发工具）讲解了如何开发一个iPhone应
用。然后，他邀请了一些开发者上台分享经验。比如SAGA（世嘉游戏）、EBay、Loopt、TypePad、
Associated Press、Pangea Software等等。每一个开发者都使用了Apple提供的SDK开发了有意思的应用。
　　Scott再次上台，向所有人介绍Apple Pushi Notification Service。大家不用管这个服务是什么，他演
示的一个幻灯片很有意思，让一个红色的"1"在屏幕上移动，模拟信息被发送的流程。下面来学习这个
效果。

【注意】当在复制一个元素的时候，它所拥有的动画也会被复制。

效果3：移动物体

【**提示**】【时间：57：28】我们看见一个红色"1"，从下向上移动，然后水平移动，最后再垂直向下移动到iPhone的图标上。我们要制作的就是这个效果。

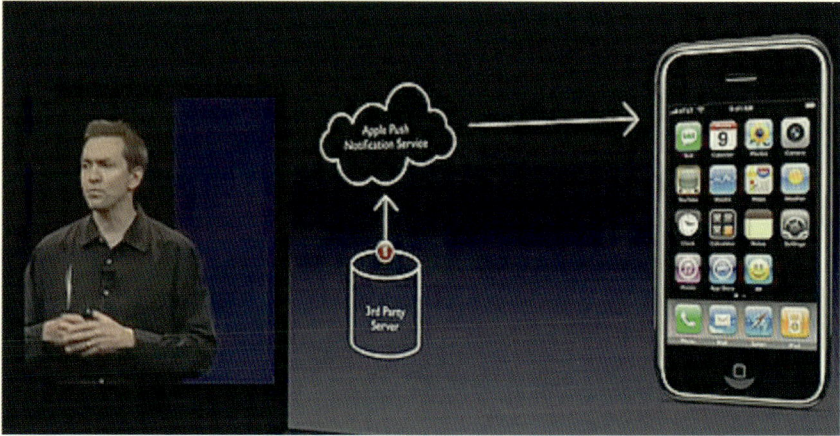

❶ 先搭建一个类似的流程图。首先需要一个圆柱体，这个图形在Keynote里面可没有，只有二维的图形。怎么办呢？就用2维图形来拼出3维图形的效果。单击"形状"，然后选取如下图所示的矩形元素。

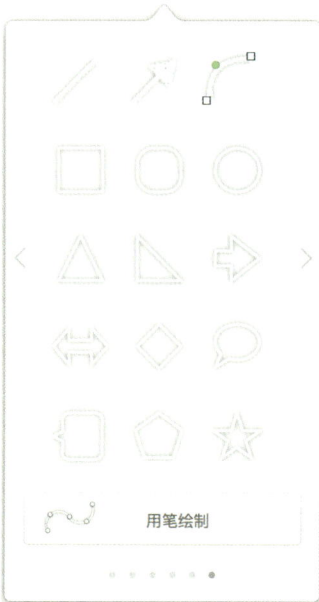

❷ 然后再选择一个圆形，如下图所示。

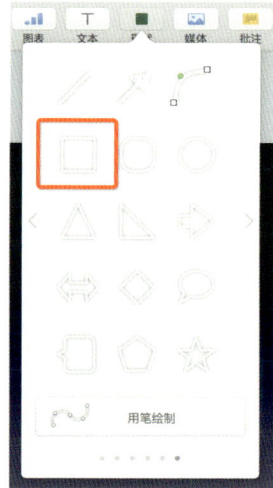

这个时候界面中有如下两个图形，如下图所示。

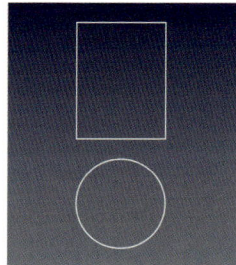

❸ 我们要保证它们的宽度是一模一样的。然后，把圆形变成一个椭圆形，并且复制3个。把它们按照如下的方式重叠在一起，如下图所示。

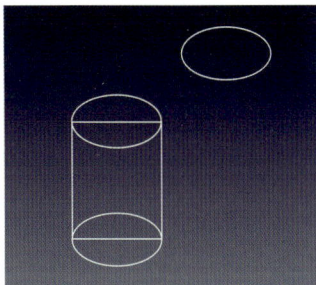

❹ 选中左侧的三个图形，然后选择"格式"→"形状和线条"→"混合形状"命令，如下图所示。

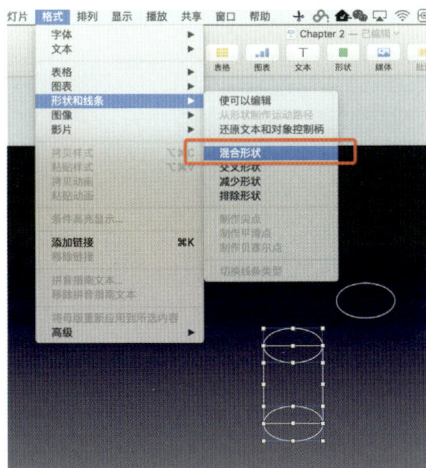

❺ 这个功能的作用是将所有选中的元素的外围混合在一起，让它们变成一个物体，如下图所示。

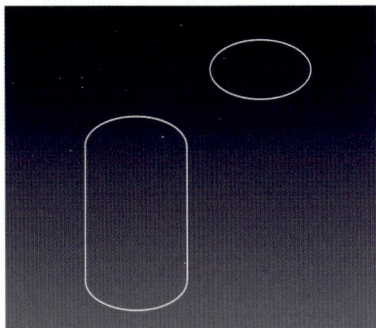

❻ 然后，把最后一个圆圈再移动过来，现在界面变成这样，如下图所示。

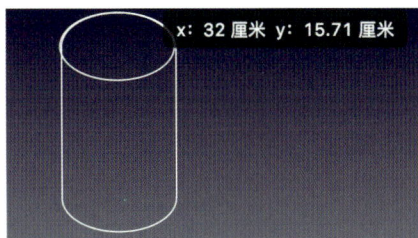

x: 32 厘米 y: 15.71 厘米

好了，现在有了一个圆柱体不是吗？

❼ 选中以上两个元素，右击，选择"成组"命令，然后这两个物体就变成一个统一的整体了，如下图所示。

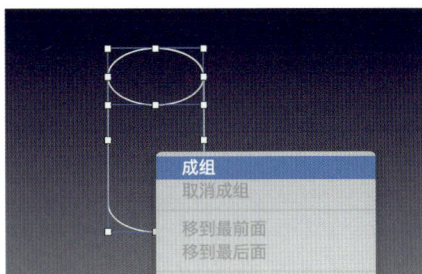

先把圆柱体移动到页面的左下角部分。

❽ 下面就是云的部分了，怎么办？选择"形状"，在弹出的浮层窗口中，有一个"用笔绘制"的选项，选中它，就可以将鼠标当作笔一样进行绘制，如下图所示。

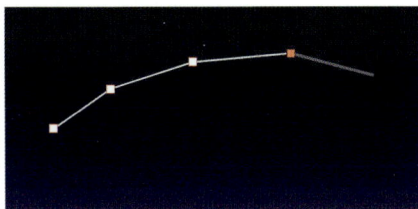

❾ 在每两个端点之间，鼠标悬停的话，会看到一个圆点，拖动这个圆点可以改变直线的弧度，从而将直线链接变成曲线链接，如下图所示。

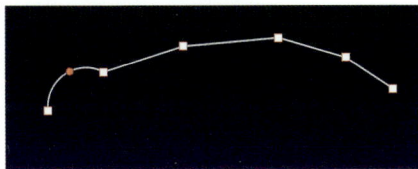

❿ 用这种方式，可以简单画一朵云出来，如下图所示。

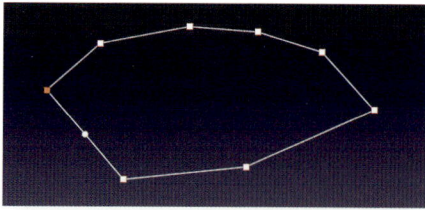

⓫ 现在界面看起来是这样的，如下图所示。

看起来不是太糟糕对吧？

⓬ 接下来在右侧放置一个iPhone的图片。现在界面如下图所示。

⓭ 接下来要制作那个会移动的小红圆点。首先放入一个白色的圆形，然后放一个红色的圆形，再放置一个白色的文本"1"，把它们重叠在一起，如右图所示。

⓮ 选中这三个元素，作成组处理。在开始添加动画前，加上文本和箭头，如下图所示。

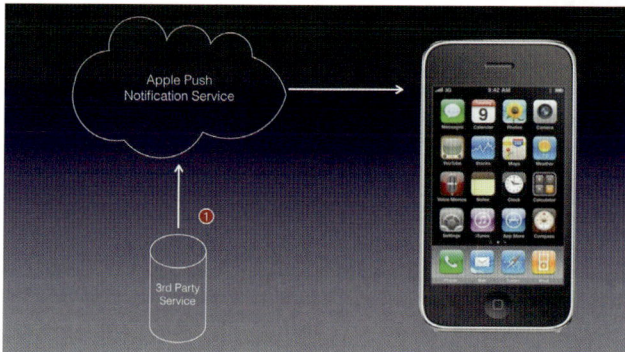

⓯ 最后添加动画。选中"1"，单击右侧的"动画效果"，选择"动作"→"添加效果"命令，然后选择"移到"命令，如下图所示。

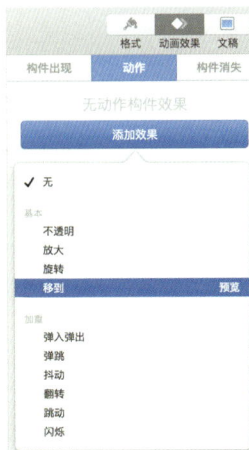

⓰ 选中后，界面中会出现如下图所示的内容。

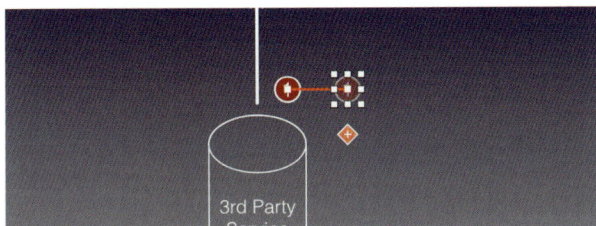

⓱ 可以看到在原始"1"的右侧，出现了一个半透明的"1"，这个半透明的"1"标明了移动的结束位置，拖曳这个半透明的"1"，将它拖曳到原始"1"的垂直的上方，如下图所示。

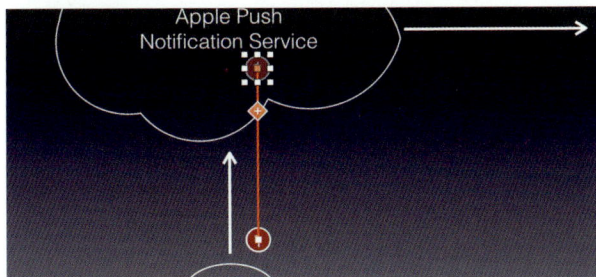

⓲ 这个时候如果播放动画，就能看到"1"从下方移动到了上方。当选择了其他物体，再回来选中"1"的时候，会看不到路径。这个时候只要单击"1"下方的红色菱形就可以看到了，如下图所示。

⓲ 如果需要 "1" 在移动到了上方之后，再移动到右侧呢？这个时候只要选中上一个动作中那个半透明的
"1"，然后选择右侧 "添加动作"，再添加一个 "移到"，如下图所示。

⓴ 这时候会看到在透明 "1" 的右侧又出现了第二个透明 "1"，如下图所示。

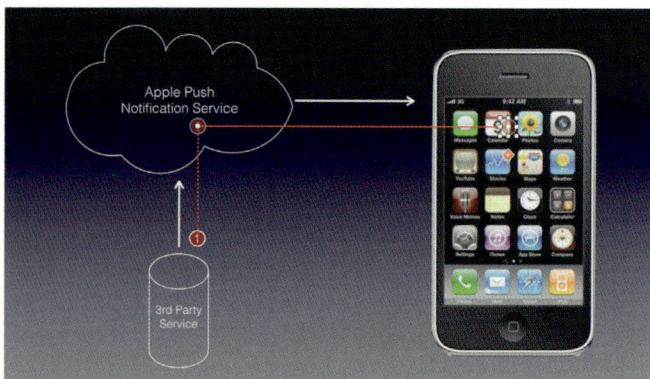

拖曳新的透明 "1" 到右侧。这个时候，可以明显看出路径分成了两段。

㉑ 最后选中最后一个透明 "1"，再以同样的方式再添加一段路径，如下图所示。

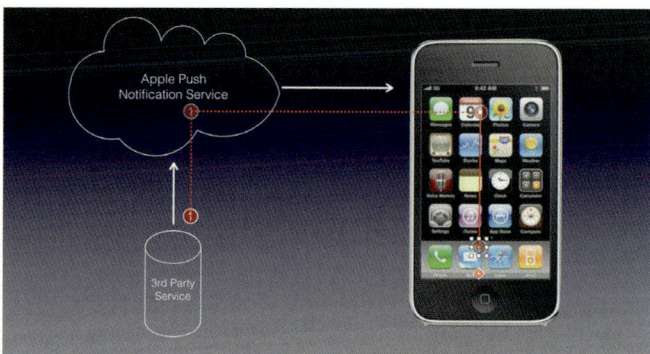

所以，我们的 "1" 会先向上移动，然后向右，然后再向下移动到邮件应用的上方。

【视频】接着又是乔布斯上台，介绍iPhone 2.0的一些新的功能，例如App Store、Mobileme。然后讲述一下iPhone的销量。这个时候我们又要学习一个新图表了。

效果4：运动的图表

【提示】【时间：84：07】这个图表会从左侧顺序升起，下面我们学习如何制作。

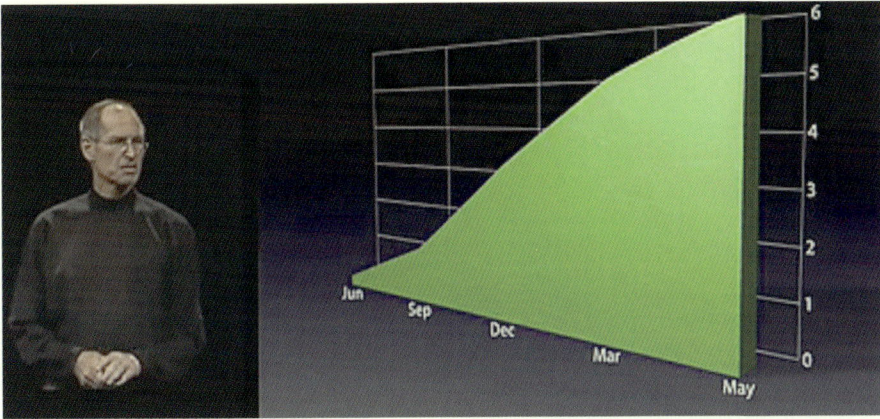

❶ 首先单击"图表"，然后选择这个面积图，如下图所示。

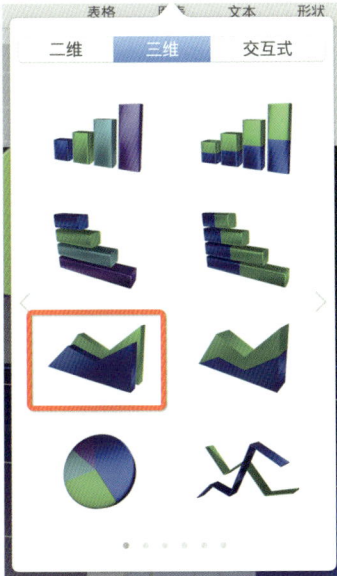

这个时候视野中会出现如下图形。

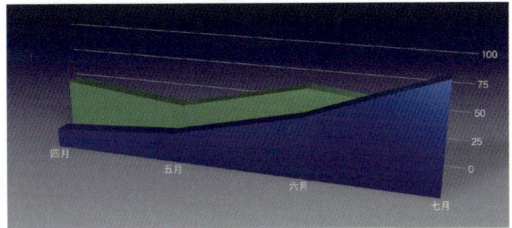

❷ 单击"编辑图标数据"，然后删除"区域2"，按照如下值填写"区域1"。

	Jun	Sep	Dec	Mar	May
区域 1	0.2	0.9	3	4	6

❸ 然后调整图片的大小和角度，如下图所示。

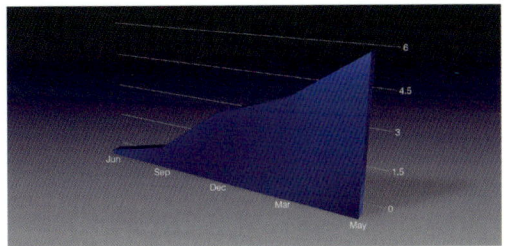

❹ 下面添加X轴方向上的网格。选中图表，在右侧格式区单击"坐标轴"→"类别（X）"命令，然后选择"网格线"中的"直线"，如下图所示。

这个时候图表变成这样。

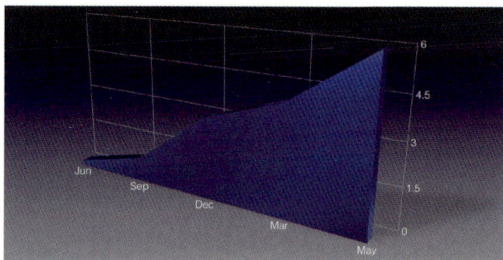

❺ 接下来修正Y轴，让刻度仅显示整数。选中图表，然后选择"格式"→"坐标轴"→"值（Y）"命令，选择"坐标轴标度"，然后选择等份为6，如下图所示。

这个时候Y轴就能显示1～6了。

❻ 然后，更换一下图表的颜色，如下图所示。

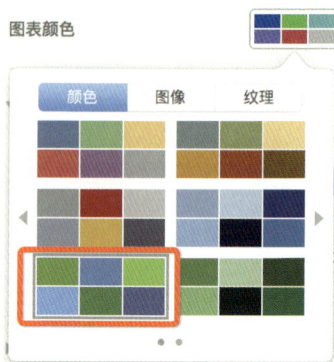

【提示】要注意，在Keynote中，我们不能随便选择图表的颜色，只能在预定的一些组合中选择。如果需要定制特殊的图表颜色，只能使用Excel之类的软件制作，然后粘贴到Keynote中。

❼ 最后，选中图表，选择"动画效果"→"构件出现"→"三维成形"命令，就可以看到图表的效果了，如下图所示。

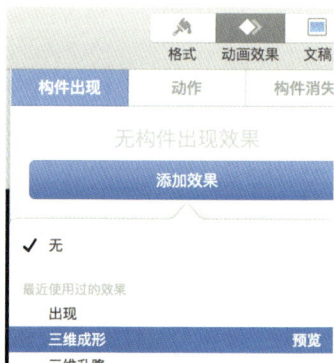

至此全部完成。

【视频】段子来了。乔布斯说我们做了市场调研，去询问了那些不购买iPhone的人不购买的原因。我们发现No.1的原因是"iPhone 太贵了"。让我想起来iPhone 6s上市的时候，网上热传的一个帖子：不购买iPhone 6s的理由——"穷"……

效果5：2+1的对比效果

【视频】【时间：90：47】在这里，乔布斯使用了一个常用的2+1的展示方式。就是先用B跟A比，向大家展示B比A好很多，然后突然加入C，C又比B好很多。而A其实就是目前的状况或者是竞争对手的状况。下面我们来学习这种展示方式。

❶ 简单起见，这里用一个简单的矩形来代替上图中的图片。先在界面中放置如下两个矩形。

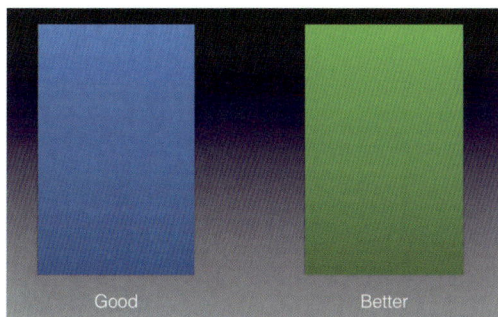

❷ 我们希望单击一下鼠标，"Good" 和 "Better" 都能向左移动，并且右侧会多出一个红色的 "best"。

选中整个幻灯片，然后选择复制、粘贴，新建一个新的幻灯片，如下图所示。

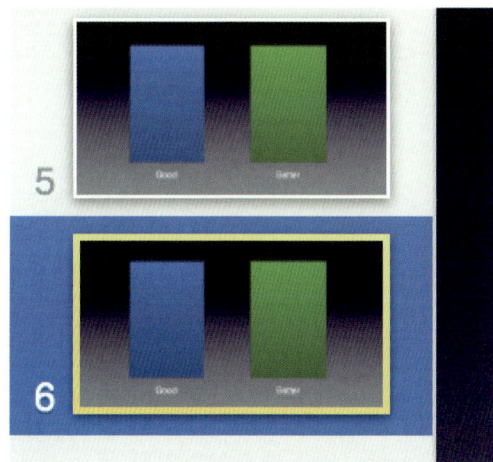

❸ 选中复制出来的这张幻灯片，将蓝色矩形和文字移动到偏左侧的位置，将绿色矩形和文本移动到页面的

中间，完成后如下图所示。

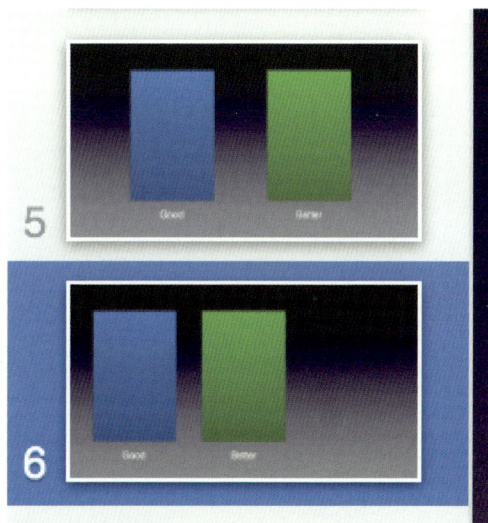

❹ 下面，再选中第一个幻灯片，在右侧单击 "动画效果" → "添加效果" → "神奇移动"。

【提示】神奇移动是一个 "神奇" 的幻灯片切换效果，它能够自动识别前后两张幻灯片里面同样的元素，然后移动它们的位置。所以，如果这时播放幻灯片，就能够看到蓝色矩形和文字自动移动到了左边，而绿色矩形和文字自动移动到了中间，所有这一切都是自动完成的。

选中第二张幻灯片，添加一个与绿色矩形一模一样的红色矩形，然后添加文字 "Best"。接下来，同时选中红色矩形和 "Best"，将它们 "组合" 起来，然后调整位置，让它位于页面的右侧。完成后如下图所示。

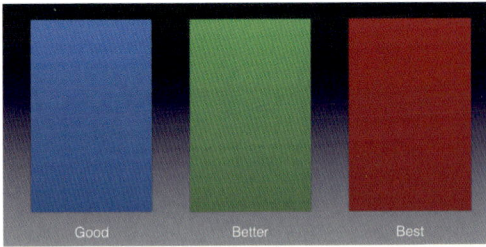

这个时候，回到第一张幻灯片，然后播放，就会看到蓝色和绿色矩形向左移动，给红色矩形腾出了位置，然后红色矩形慢慢淡出，与我们想要的效果一模一样。

效果6：白色iPhone

【视频】【时间：99：20】对于iPhone 3G的16GB型号，史上第一次出现了白色的版本。乔布斯在介绍这个白色版本的时候，使用了一个特殊的动画，让它从黑色的背后突然出现了。下面我们来学习制作这个效果。

❶ 我们已经很难找到高清版本的iPhone 3G图片了，所以这里还是偷个懒，用两个圆角矩形代替。首先放置一个全黑色的圆角矩形，如下图所示。

❷ 复制这个矩形，并且把它放在跟原来的黑色矩形一样的坐标位置上，让两个矩形重合，并且把上面的这个矩形设置为白色，然后，为这个白色的矩形添加一个移动的效果。选中白色矩形，然后在格式区域单击

"动画效果"→"动作"→"添加效果"命令，如下图所示。

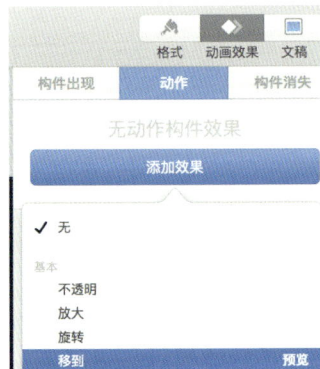

❸ 然后拉动新出现的半透明白色矩形，将它移动到界面的右侧，如下图所示。

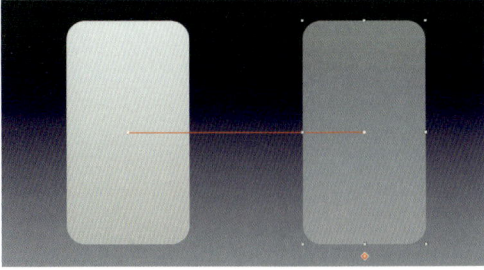

右击左侧的白色矩形"本体"，然后选中"移到最后面"命令。这样，白色的矩形就置于黑色矩形的下方了。

这个时候我们播放幻灯片，就能看到白色矩形从黑色矩形下方滑出，出现在界面中。

【总结】

2008年的iPhone，虽然外观变化不大，但是Apple在软件服务上面做出了划时代的改进。为iPhone接下来的爆发增长奠定了基础。App Store 成为了所有未来iPhone安装软件的基础。App Store新颖的模式和其产出的高质量iOS App，一直到今天也是Apple的杀手级优势。mobileMe，就是今天iCloud的前身，iCloud使如今的iPhone能够自由地跟Mac无线同步，奠定了Apple生态圈的基础。iPhone 3G在70个国家发布，那个时候Apple跟各国运营商签订的合同，成为今天Apple能够在全球多国家发布的基础。

最后，在2008年，iPhone第一次出现了白色的版本。

Chapter 3
2009 年iPhone 3GS 发布会

扫码看视频

【视频】2009年的发布会，先播放了一段"I am a PC and I am a Mac"的经典广告，该广告系列通过两个人物分别扮演Windows PC和Mac进行对话来表现Mac的优越，很有意思。

这位老兄就是PC，穿着大一号的西服，打着领带，充满了老旧、保守的意味。

这位时尚青年，自由洒脱、不戴领带，自然就是Mac了。

对比还是很明显的。

乔布斯因为众所周知的身体原因，已经无法参与这次WWDC大会了。Phil Schiller 首先登台，介绍了OS X的活跃用户数，他展现了一张图表。

数据是从2002年发布到2007年，OS X一共拥有了2500万用户。但是在过去的两年里（2008年和2009年）一些神奇的事情发生了。随着iPhone和iPod touch的发布，OS X的用户量出现了爆炸性的增长。

用户数一下翻了三倍到达了7500万。

Phil展现了一个神奇的特效：图表自动变换了坐标轴的刻度，从最大值2500万的图表变成了7500万的图表。下面我们就来学习这个效果。

效果1：改变刻度的图表

【时间：03：16】

❶ 首先选择图标，然后在二维图表中选择如下面积图。

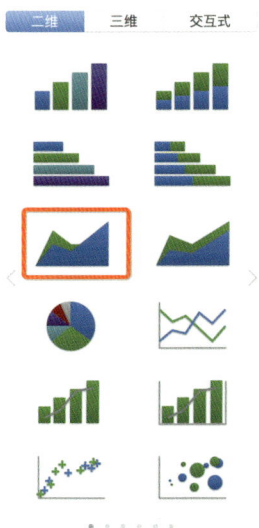

❷ 然后单击"编辑图表数据"按钮，将绿色的"区域2"删除。

❸ "区域1"的数据中按照下表输入。

现在界面看起来是这样的。

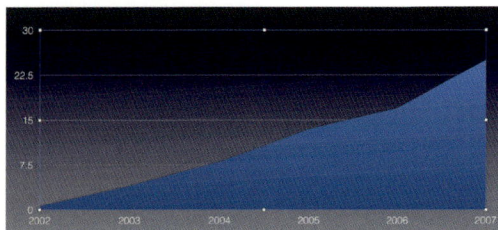

❹ 选中图片，然后将图表在纵向上拉伸，让图表高一点。在选中图标的前提下，选择右侧的"格式"→"坐标轴"→"值（Y）"命令，然后选择标度的最大值为25，等份主为5。

❺ 接着往下走，找到"显示最小值"，取消前面的勾选，如下图所示。

❻ 再选中图表，选择"格式"→"图表"命令，然后单击一下蓝色图像区域，选中蓝色的部分，如下图所示。

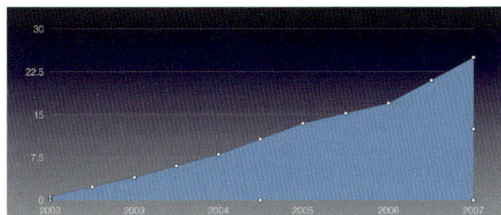

❼ 在蓝色部分被选中的前提下，单击右侧的"格式"→"样式"，然后选择一个绿色，如下图所示。

这个时候图表看起来是这个样子的，如下图所示。

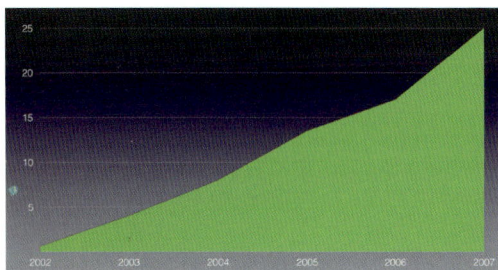

❽ 选中图表，然后勾选"轴线"，这样X轴的轴线就可以显示出来，然后选择"坐标轴"→"类别（X）"命令，然后选择"网格线"，如下图所示。

现在图表看起来是这样的，如下图所示。

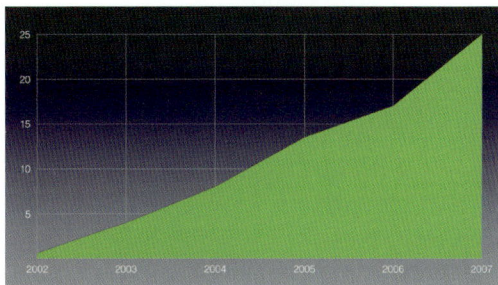

❾ 眼尖的用户说图表的坡度上是白色的线条，这个是如何实现的？

简单，我们选中图表，然后在绿色部分再单击一下，直到选中图表的绿色部分，如下图所示。

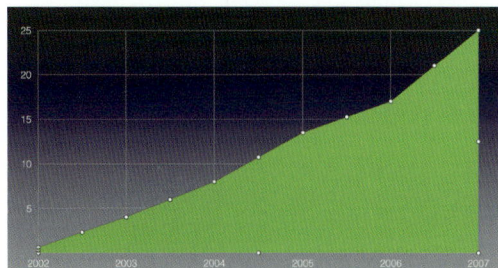

❿ 然后在右侧选择"样式"→"描边"命令，然后选择"实线""白色""7磅"。完成后如下图所示。

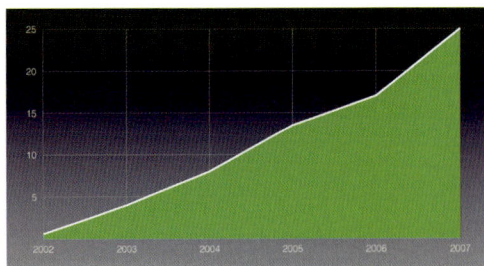

⓫ 好了，到此，第一阶段的工作已经完成了。下面我们开始做第二步。在左侧，选中第一张幻灯片，然后将整个幻灯片复制和粘贴一个新的，现在看起来是这样的，如下图所示。

⓬ 现在我们有两个一模一样的幻灯片，开始编辑第二张幻灯片。选中图表，单击复制粘贴出来的图表，把这两个图表完全重叠在一起。先选中上面这个图表，单击"编辑图表数据"，然后在最后加上2008和2009，但是不输入任何值，如下图所示。

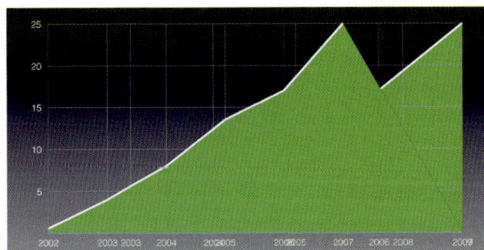

⓭ 再将图表类型修改为"二维折线图"，然后选中折线，如下图所示。

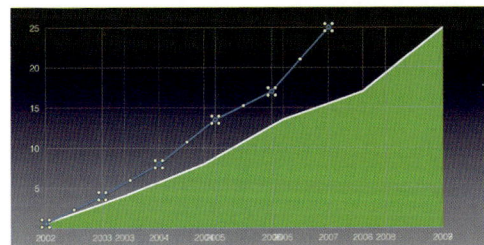

在样式中，做出如下的修改，如下图所示。

完成后如下图所示。

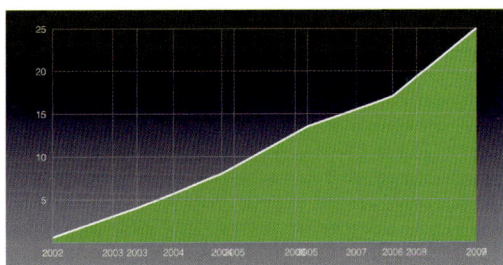

⓮ 然后保持图表选中的状态，在右侧选择"坐标轴"→"值（Y）"命令，其最大值修改为75，等份修改为3，如下图所示。

现在图表看起是这样的，如下图所示。

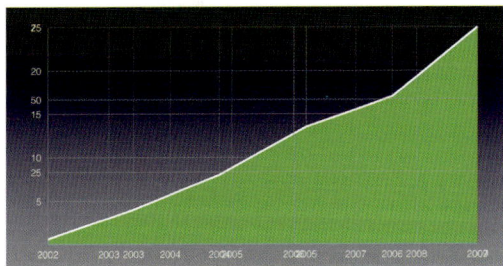

⑮ 右键单击图表，选中"移到最后面"，这个时候，折线图就到了后面。再单击图表，就会选中面积图，然后拖动面积图右侧的手柄，将它的宽度修改为与白色线条的右侧边界齐平，如下图所示。

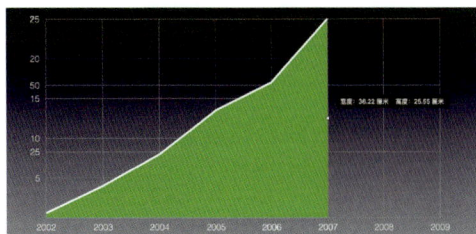

⑯ 然后，保持面积图的选中状态，以同样状态修改它，例如修改最大值和等份等，完成后如下图所示。

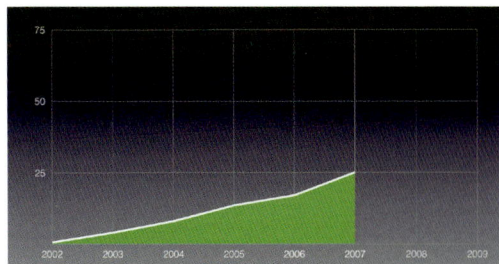

⑰ 是不是很像 Phil 展示的第二张图了？最后，选中面积图，然后将它置于最后。见证神奇的时候来了。选中第一张幻灯片，也就是有更大片绿色面积的那个图，然后在右侧选择"动画效果"→"添加效果"→"神奇移动"命令，如下图所示。

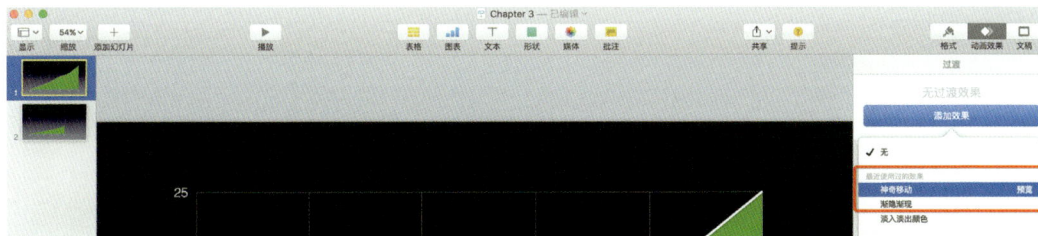

Done!

这个时候播放幻灯片，就会看到，在单击后，图片发生了"神奇"的形变！

⑱ 最后一步，就是补上 2008 年和 2009 年的数据。为此，我们在第二张幻灯片上选中面积图，复制粘贴出来一个新的，然后编辑数据如下图所示。

	2007	2008	2009
区域 1	25	38	75

这个时候图看起来是这样的，如下图所示。

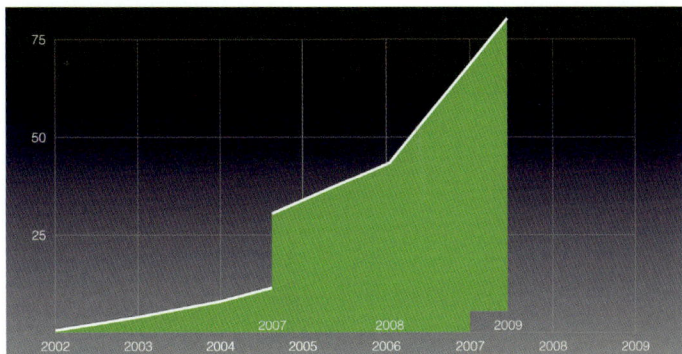

⓳ 修改这个新图的横向尺寸，把它放置在第一个面积图的右侧部分并对齐，如下图所示。

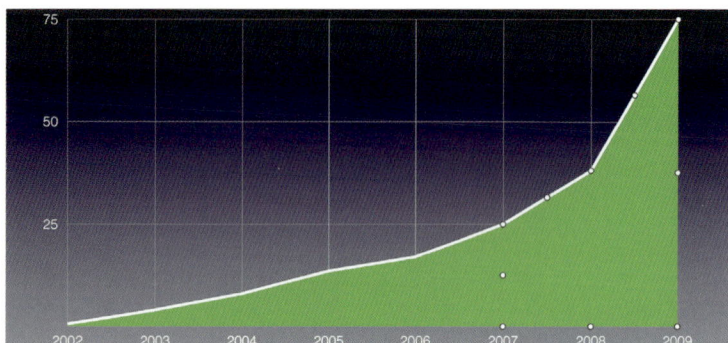

⓴ 选中最后的这个图表，然后在右侧选择"动画效果"→"构件出现"→"划变"命令。这个时候，再回到"幻灯片1"，播放整个幻灯片，就可以得到我们想要的效果了。

【视频】接下来，Phil说我会邀请我的一些同事来跟我一起介绍今年的一些新内容，包括Bertrand Serlet 和我们已经熟悉的Scott Forstall。

Phil首先开始介绍Mac，当时的MacBook Pro产品线。

Phil介绍了全新的15英寸MacBook Pro

作为总结，Phil展示了这样一张表格。

这个表格的列的背景颜色，能够随着Phil的控制改变：讲到哪一列，哪一列的背景颜色就会变成蓝色。我们下面就学习制作这个效果。

效果2：改变背景颜色的表格

【时间：09：44】

❶ 首先先添加一个 普通的表格到界面中，单击上方工具栏中的"表格"按钮即可，如下图所示。

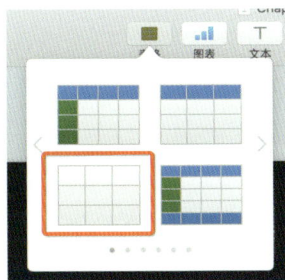

❷ 选择左下角那个什么装饰都没有的普通表格即可。这个时候界面是这样的，如下图所示。

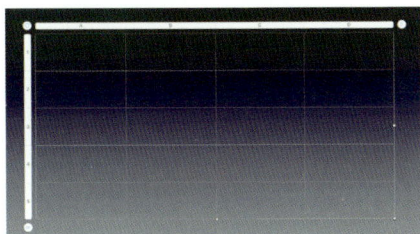

一个默认的5行4列的表格被添加了进来，左上角有个小圆点，如果要选择整个表格，对整个表格进行移动，那么就单击和拖曳这个小圆点就可以了。左侧的1～5分别对应着行，上方的A～D分别对应着列，这个跟Excel有点像。

❸ 需要的是一个5行3列的表格，所以要删除一列，用鼠标单击D列右侧的那个小箭头，然后选择"删除列"，如下图所示。

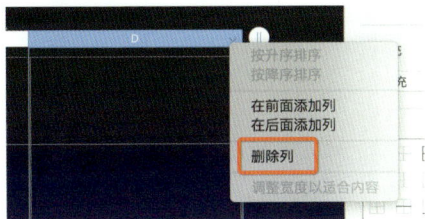

❹ 这样D列就消失了。然后选中表格，拖曳表格右侧和下方的手柄，修改表格尺寸到一个合适的值，选中表格，单击右侧的"格式"→"单元格"，找到边框，然后选择"所有边框"，修改边框的颜色为白色，粗细为4磅。如果想仅修改表格的外边框，那么就选择边框下边的第一个选项就好了，如下图所示。

边框样式
4磅

❺ 现在按照Phil的演示，为表格添加文字。为某个单元格添加文字，只需选中该单元格，然后输入即可。如果要调整整个表格的字体和字体大小，只需选中整个表格，然后在右侧的格式区域选择文本，然后修改字体和大小即可。完成后如下图所示。

2.53 GHz	2.66 GHz	2.8 GHz
4GB DDR3	4GB DDR3	4GB DDR3
250GB	320GB	500GB
9400M Graphics	9400M + 9600M GT	9400M + 9600M GT
SD Card Slot	SD Card Slot	SD Card Slot

❻ 接下来来处理某一列表格的背景色变化。Keynote本身是没有针对表格列背景色变化的动画的，只能通过其他方式来实现。为此，单击"形状"按钮，先向界面中添加一个矩形，如下图所示。

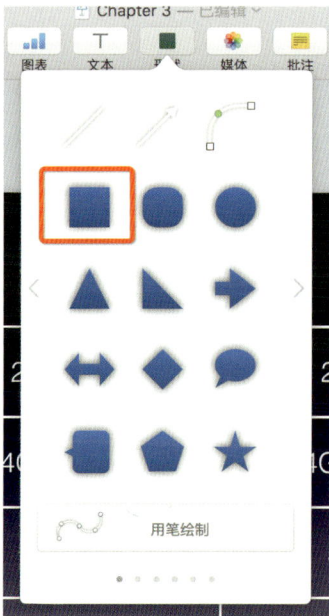

❼ 然后拖曳这个矩形，并修改它的大小，让它刚好跟

某一单元格的尺寸匹配，并且略小于这个单元格的尺寸，如下图所示。

	2.66 GHz	2.8 GHz
4GB DDR3	4GB DDR3	4GB DDR3
250GB	320GB	500GB
9400M Graphics	9400M + 9600M GT	9400M + 9600M GT
SD Card Slot	SD Card Slot	SD Card Slot

❽ 以此类推，把左侧第一列的所有单元格都覆盖上，只需复制粘贴即可，如下图所示。

	2.66 GHz	2.8 GHz
	4GB DDR3	4GB DDR3
	320GB	500GB
	9400M + 9600M GT	9400M + 9600M GT
	SD Card Slot	SD Card Slot

❾ 然后同时选中这5个方块，右击，选中"成组"把它们集合在一起。接下来，把这个集合复制粘贴两次，然后分别把B和C两列也覆盖上。完成后如下图所示。

❿ 选中A列的集合，在右侧选择"动画效果"→"构件消失"→"消失"命令，因为A列的集合默认就是出现的，所以这里仅需要它消失即可。

　　选中B列的集合，在右侧选择"动画效果"→"构件出现"→"出现"命令，B列的集合需要先出现再消失，所以接下来还要再选中B列的集合，选择"动画效果"→"构件消失"→"消失"命令。所以B集合就有两个效果，先出现后消失。

　　对于C列的集合，只需要它出现就好了，不需要消失，因为在它消失之前，就切换幻灯片了。

　　完成C列的动画后，单击右侧的动画效果下的"构件顺序"按钮，出现如下界面。

⓫ 由上而下，第一个"成组−消失"是A列的，第二个和第三个"成组−出现"和"成组−消失"是B列的，最后一个"出现"是C列的。我们需要在B列出现的时候，A列能够同时消失；在C列出现的时候，B列消失。所以，先选中"2成组−出现"，然后在下方的"起始"下拉列表中，选中"与构件1一起"，这样，这两个事件就能够同时发生，如下图所示。

　　然后再选中"4成组−出现"，也同样在"起始"处选择"与构件3一起"。完成后，构件顺序界面看起来是这样的。

　　完成后，同时选择三个集合（按住Command键再用鼠标单击即可），再右击，选择"移到最后面"命令。

　　这个时候再播放幻灯片，就能出现我们想要的效果了。

【视频】接下来Phil继续介绍升级后的MacBook Pro 13英寸的版本。虽然体积更小，但是Apple工程师也像15英寸一样，加入了很多硬件和软件的升级，所以13英寸版本也完全配得上MacBook Pro这个名字。在强调这点的时候，Phil使用了一个局部放大的效果。

好像有一个放大镜把笔记本的某个细节部分放大了一样。下面我们学习这个效果。

效果3：局部的放大镜效果

【时间：12：58】

❶ 首先从Chapter 3素材库中将一张MacBook Pro的图片放置在页面中，如下图所示。

❷ 图片的边缘有些粗糙，请大家见谅，很难找到比较合适的老版本MacBook Pro的图片了。为了达到放大的效果，把这张图片复制一张，然后把它拉曳到原图的两倍大小，如下图所示。

❸ 选中这个大的矩形，然后在工具条上选择"格式"→"图像"→"用形状进行遮罩"→"椭圆形"命令，这个时候在界面中就会出现一个矩形遮罩，如下图所示。

❹ 把这个遮罩移动到MacBook Pro几个字的上方，然后调整圆形的大小，如下图所示。

❺ 完成后，单击蓝色的"完成"按钮即可，如下图所示。

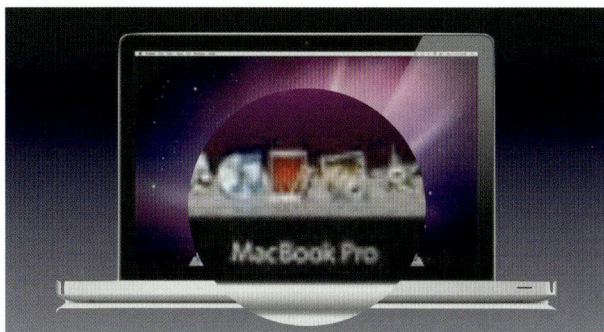

❻ 因为没有高清的图片，所以大图看起来有些模糊。选中这个圆形的图片，为它添加一个动画。选择"动画效果"→"构件出现"→"光圈"命令，这个时候，就会发现这个圆形的图片从中间扩大然后出现。

【视频】Phil讲完MacBook Pro的所有升级后，邀请Bertrand Serlet上台讲解OS X的新特点。第一个我们要学习的效果就是Serlet讲解所有的应用。

然后他希望着重讲解一下Finder这个应用，这个应用就被放大并且跳了出来。

下面我们来学习这个效果。

效果4：让一个元素脱颖而出

【时间：19：27】

❶ 为了节省时间，就不去把所有的App Logo都放出来了，简单起见，放满一整屏的正方形即可，制作的方式也很简单，只要创建其中一个，然后不停复制粘贴就可以了。完成后如下图所示。

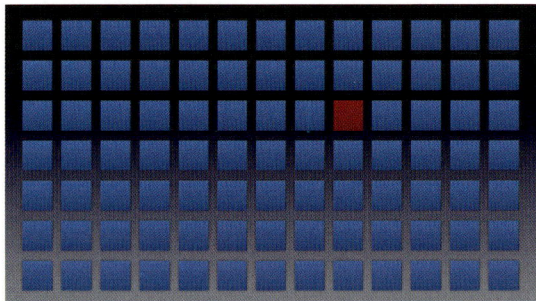

把其中一个用红色标识出来，它就是接下来要脱颖而出的那个幸运儿。

❷ 这里要使用"神奇移动"来制作本节的效果。大家都知道"神奇移动"需要前后两张切换的幻灯片有至少一个相同的元素，所以，把刚才新建的幻灯片复制粘贴出来一个新的幻灯片，如下图所示。

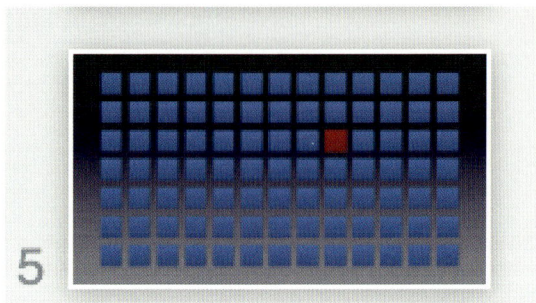

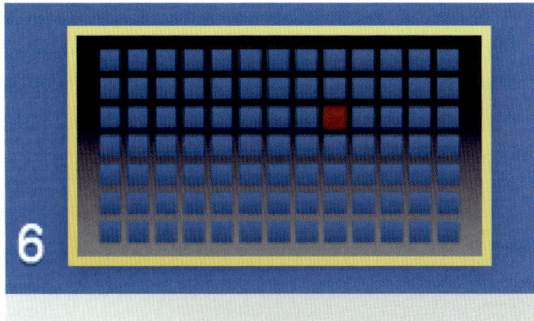

❸ 在第二张幻灯片中选中这个红色矩形，然后拖曳它，改变它的大小，并把它放置在页面中间，完成后如下图所示。

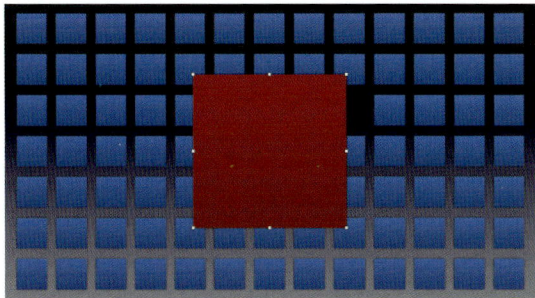

❹ 选中第一张幻灯片，选择"动画效果"→"过渡"→"添加效果"→"神奇移动"命令。因为前后两张幻灯片，只有红色矩形的位置和大小是不一样的，所以Keynote会自动为红色矩形添加一个动画来完成过渡，效果就好像是红色矩形从人群中"跳"了出来。

　　完成了这就？

　　当然。

❺ 为了进一步加强效果，在红色矩形跳出来的时候，把背景变暗。变暗的效果是用一个蒙版来实现的。向界面中添加一个矩形部件，然后将它的颜色修改为"颜色填充"，选择一个灰色，然后将不透明度修改为50%，如下图所示：

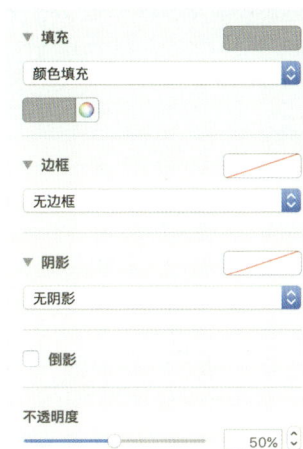

❻ 先右击红色矩形，选择"移到最前面"，然后将灰色矩形的尺寸修改为跟幻灯片的尺寸一样大，如下图所示。

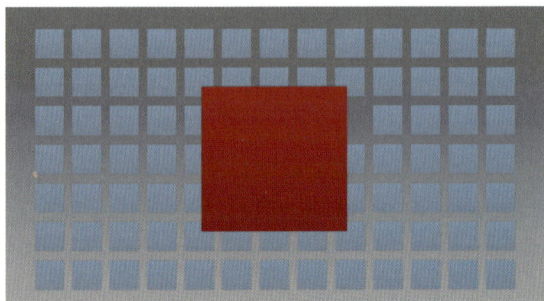

　　这个时候，如果播放幻灯片，就会发现灰色的蒙版是突然出现的，而不是过渡出来的。这是因为在"幻灯片1"中没有灰色蒙版这个构件。那么怎么解决这个问题呢？就是在"幻灯片1"中也添加这个蒙版。所以，复制"幻灯片2"当中的蒙版，在"幻灯片1"中粘贴一下，但是不能让"幻灯片1"中一直出现蒙版，所以选中这个蒙版，将它的透明度修改为0%。这个时候，再播放幻灯片，就可以看到我们需要的效果了。

　　再进一步，让红色矩形"缩回去"。怎么做呢？太简单了，将"幻灯片2"再复制一个，成为"幻灯片3"，然后在"幻灯片3中"，将灰色蒙版的透明度修改为0%，将红色矩形的尺寸修改回去，然后在"幻灯片2"上，添加一个"神奇移动"效果。这样，从2到3，就实现红色矩形缩回去的效果了。

　　如此循环往复，就可以让这些矩形一个一个的"蹦"出来，然后再"缩"回去。

【视频】接下来一个有趣的细节就是Serlet说起了新的OS X Snow Leopard支持了中文手写输入。

　　谁说现在Apple才重视中国的？其实早就开始布局了！

　　接下来都是关于OS X一些新功能的介绍。然后Serlet邀请Craig Federighi上台演示一下OS X Snow Leopard的具体功能。（在那个时候，Federighi还没有穿他经典的蓝色衬衣。）Federighi演示了Finder的新功能、Preview的新功能、Safari的新功能和QuickTime X的新功能。这些功能在今天Apple最新版本的El Capitan上仍然可以看到，所以可以说，Leopard和Snow Leopard奠定了现代OS X的基础。

　　接下来Serlet再次上台，开始讲述Snow Leopard上使用的新技术，多是硬件方面的新技术。Serlet讲了三个主要的升级：64位的支持、Grand Central Dispatch调度系统和OpenCL。

　　Serlet最后介绍的功能就是现在OS X Snow Leopard支持了Microsoft Exchange。

　　最后，在介绍完所有Snow Leopard的功能后，Serlet要解开它的最终价格了。Serlet说Leopard的价格是129$每月，但是为了让所有人都能能升级到Snow Leopard，Apple最终决定价格为29$每月。这个时候，129$前面的1调皮的逃走了。我们就来学习一下这个效果。

效果5：逃跑的"1"

【时间：45：39】

❶ 还是做一个简化版本。先添加一个文本到界面中，单击如下图所示按钮即可。

❷ 把文本修改为"$"，把文本的大小修改为"130磅"，然后复制这个"$"并粘贴，再将文本修改为"1"，如下图所示。

❸ 同样的方式，添加2和9，完成后如下所示。

　　选中"1"，选择"动画效果"→"构件消失"→"添加效果"→"跳跃"命令，然后就能够看到"1"蹦蹦跳跳地消失了。

　　这个效果就完成了。

　　【视频】Serlet讲完后，邀请Scott上台来介绍iPhone。Scott首先告诉大家iPhone提供的免费开发工具，其被开发者下载了100万次，目前在App Store上有50000个应用，Apple已经出售了4000万部iPhone OS设备（包括iPhone和iPod touch）。并且，最惊人的是，用户已经下载了10亿次应用——从App Store。

　　然后Scott就开始介绍iPhone OS 3.0的几个新功能，比如复制、剪切、粘贴、Landscape "横向"支持、彩信、搜索（很惊讶吧，居然开始不支持搜索）、iTunes、iTunes U、Parental Controls、电脑通过手机上网、Safari的升级、更多的语言支持、Find My iPhone、In App Purchase、Peer to Peer（从一个iPhone直接与另外一个iPhone沟通）、兼容iPhone的第三方配件、地图的API（使用Google Map而不是Apple自己的地图）、更好的Push Notification支持等。

　　为了说明iPhone OS 3.0的新的强大功能，Scott邀请了一些开发者上台讲述。大名鼎鼎的GameLoft、AirStrip、Scroll Motion、TomTom、ngmoco、 Pasco、ZipCar、 Line 6 and Planet Waves……

　　全部演示结束后，Phil再次上台，开始介绍新的iPhone。Phil提到iPhone赢得了JD Power颁发的针对企业和消费者的两个大奖的时候，一个奖杯"分裂"成了两个。我们来学习制作这个效果。

效果6：1变2

【时间：102：25】

❶ 这里用大力神杯来做这个演示。向界面中先添加一个大力神杯的图片，放置在屏幕中间，如下图所示。

❷ 复制粘贴一个新的大力神杯，跟原来的完全重合。然后单击上层的大力神杯，选择"动画效果"→"动作"→"移到"命令。界面中就会出现

如下图所示场景。

　　红线右侧那个半透明的大力神杯，就是大力神杯要移动到终点的位置。拖动这个半透明的大力神杯到靠近中间的位置，注意一定要保持它水平移动。

❸ 然后右击上方的这个大力神杯，选择"移到最后面"命令。再单击大力神杯，选中的就是之前在下方

的那个大力神杯，它还没有被添加任何动作。用同样的方式，选择"动画效果"→"动作"→"移到"命令，不同的是，要把出现的半透明大力神杯放到左侧，如下图所示。

❹ 完成后单击"动作"面板下面的"构件顺序"，出现如下的窗口。

❺ 选中第二个"移到"事件，然后在"起始"下拉列表中选择"与构件1一起"，如下图所示。

再播放幻灯片，单击后发现一个大力神杯变成两个了。

【视频】接下来Phil宣布下一代iPhone命名为iPhone 3GS。

Phil提到S的意思就是"Speed"。之前有很多人都在猜测S到底是什么意思，比如Super？或者是Steve？其实都不是，就只是简单的"速度"而已。这也意味着，每一代"S"的iPhone手机，虽然外形上变化不大，但是其在之前一代的基础上，速度和体验都有了巨大的飞跃。

接下来Phil介绍了很多新的iPhone功能，比如视频拍摄、指南针、Voice Control、Accessibility、Nike+、加强的电池等。

iPhone 3GS第一次出现了32GB的版本，也有黑白两色。

同时，Apple决定将iPhone 3G 8GB保留，价格降为99美元，这也开启了Apple每年发布新品，然后将上一代产品降价销售的策略。

不过要提醒大家注意的就是，所有这里的价格，都是2年合约版本的合约机价格。

最后，Phil向大家展示了一个有趣的iPhone 3GS新广告。

【总结】

2009年是Apple的第一个"S"年，该年开启了Apple接下来一系列策略的序幕，比如奇数年发布S的加强版本，偶数年发布全新设计的iPhone；比如老版本的降价等等。我们也明白了既然S代表着速度，那么其实每一个S年，Apple都会在软硬件上下足功夫，让上年的iPhone变得更加强悍。此外，不能被忽略的就是Mac的升级和Snow Loepard奠定了后来若干年Mac OS X的基础。Find My iPhone、地图、32GB这些经典也纷纷出现了。

Chapter 4

2010 年iPhone 4 发布会

扫码看视频

【视频】乔布斯回来了！掌声经久不息！

但是那个时候的他，已经被胰腺癌折磨得严重消瘦。乔布斯连续说了很多个"谢谢"，现场掌声一直不断。

他第一句话说"It's great to be here!"。后来我们才知道，他当时是用了多大的勇气和力量才能重新回到这个讲台上，这也将是他一生的绝唱。

乔布斯先说起了今年的WWDC有多么的火爆，门票在8天内就卖光了。

首先从iPad开始，iPad是一个令人难以置信的产品。然后乔布斯的"包袱"又来了，他展示了一个用户发给他的邮件：

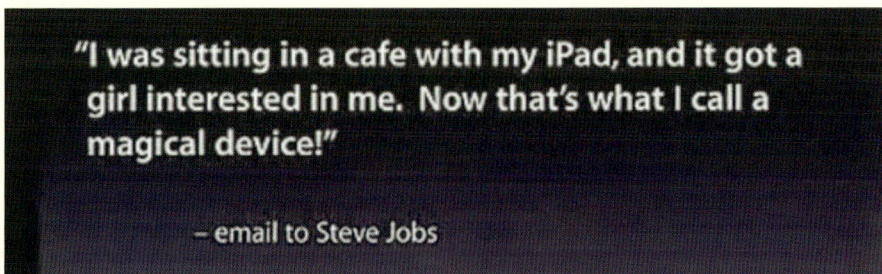

"I was sitting in a cafe with my iPad, and it got a girl interested in me. Now that's what I call a magical device!"

– email to Steve Jobs

我坐在咖啡馆里面使用iPad，这让一个女孩对我产生了兴趣。这就是我对"充满魔力"的设备的定义。Apple在59天内卖出了200万台iPad，大家可能对这个数字没有太多的感觉，所以乔布斯接下来说"这就是说每3秒就能卖出一台"。这下，通过这样的类比，我们就能对iPad的销售速度有一个更加真切的理解了。

　　然后乔布斯展示了一段视频，介绍了iPad在世界各地发售时的盛况，其中有一位84岁的老奶奶也在购买iPad……

平均每部iPad下载了17个原生的应用。

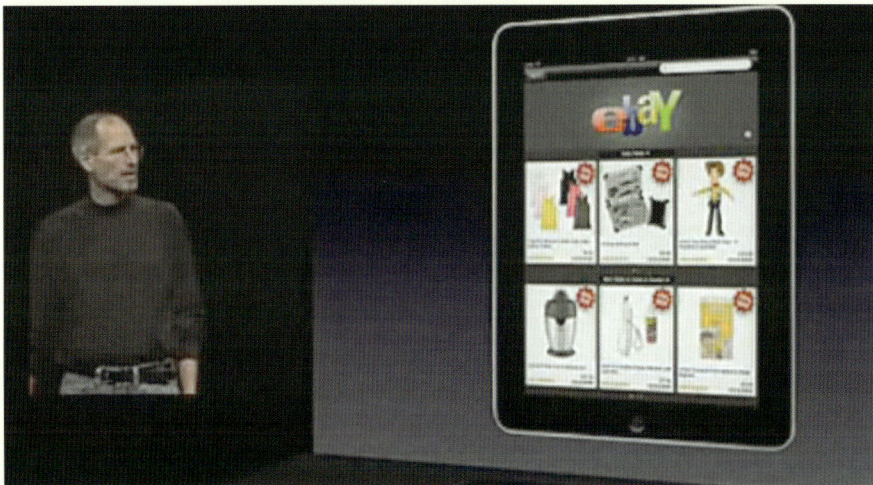

Ebay在iPad上开发的购物应用。
乔布斯引用了一个开发者的话：

"I earned more on sales of The Elements for iPad in the first day than from the past 5 years of Google ads on periodictable.com."

— Theo Gray, Wolfram Associates

我头一天在iPad上赚的钱就已经超过了过去5年间我在periodictable.com上赚的Google广告的钱。
接下来展示iBook的一组数据：

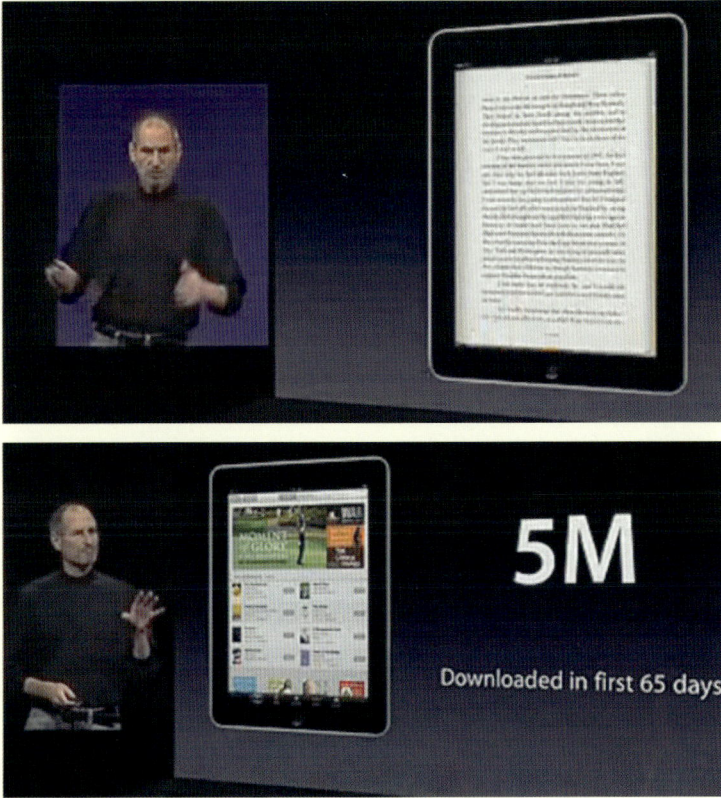

接下来乔布斯展示了一个iPad的界面翻转效果，我们就来制作这个效果。

效果1：iPad 界面翻转效果

【时间：08：42】

翻转的效果是这样的：

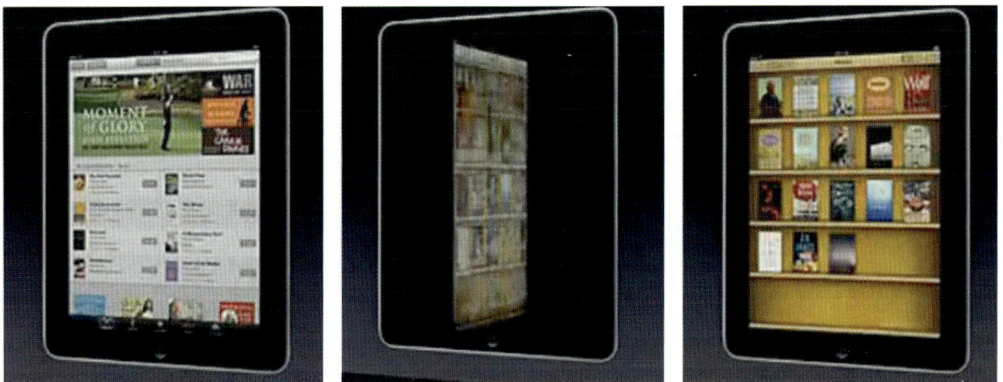

❶ 为了达到比较逼真的效果，先放置一个iPad的图片在界面中，如下图所示。

❷ 注意这里又使用了一个新版本的iPad图片，因为老图找不到高清的。然后，用一个蓝色的矩形覆盖住iPad的界面，如下图所示。

❸ 这个蓝色矩形就是翻转前的界面，希望它发生翻转，然后翻出一个红色矩形。首先选中蓝色矩形，单击右侧的"动画效果"→"构件消失"→"添加效果"→"翻转"按钮，如下图所示。

注意要选择"从左到右"，然后把"弹跳"前面的复选框取消。

播放一下，会发现蓝色矩形转了个身，然后消失了，正是我们要的效果。

❹ 先把蓝色矩形放在一边，再添加一个跟蓝色矩形一模一样的红色矩形，覆盖在蓝色矩形上，如下图所示。

❺ 选中红色矩形，单击右侧的"动画效果"→"构件出现"→"添加效果"→"翻转"按钮，如下图所示。

❻ 单击右侧动画效果下方的"构件顺序"按钮，在出现的窗口中，将如下图所示两个形状设置为同时发生。

完成后，播放幻灯片，就可以看到蓝色矩形发生了翻转，翻转后，蓝色的矩形消失了，红色的矩形翻了出来。

【视频】iBook终于可以支持阅读PDF了。乔布斯接下来谈到Apple支持两个平台。

第一个是HTML5平台：

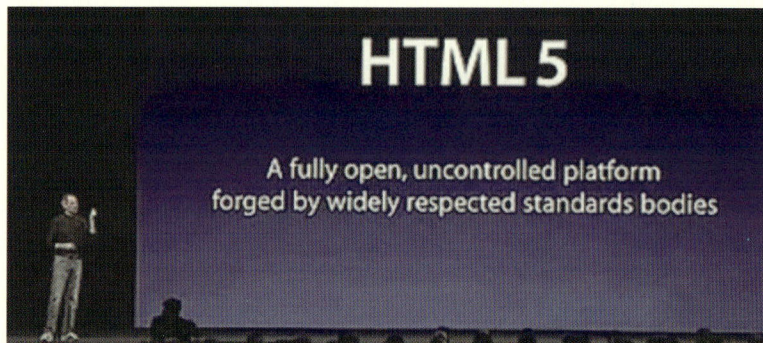

HTML5是一个完全开放的，不受控的平台。它是由广泛接受的标准打造的。HTML5打造的应用可以在iPad、iPod和Mac上面使用。

另外一个平台是App Store：

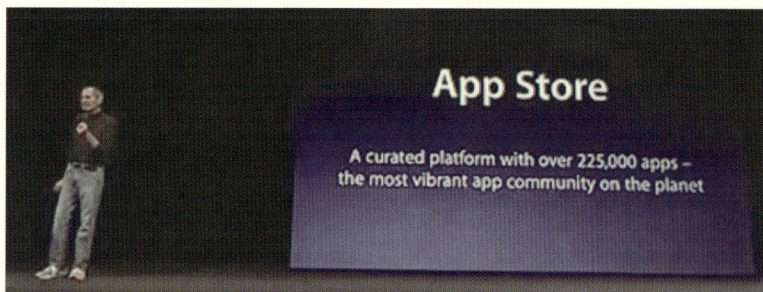

App Store上面有22.5万个应用，是这个星球上最活跃的应用社区。

接下来乔布斯开始说起App Store应用审核的事情，直到现在这个问题仍然是困扰大量开发者的一个难题。在当年，乔布斯说我们每周收到15000个应用，有新的应用，也有现有应用的升级，这个15000个应用来自30种语言，但是Apple可以在7天内审核通过95%的应用请求。

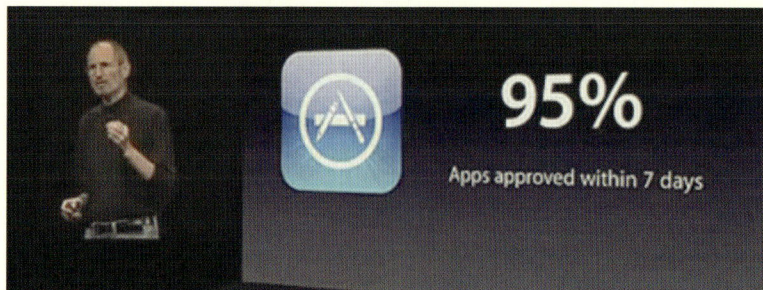

那么剩下的5%呢？当然他们被拒绝了，拒绝的理由主要有3个：

第一个原因就是应用的实际功能跟宣传的不一致。

第二个原因是使用私有的第三方API。

第三个原因是应用会崩溃。

然后乔布斯介绍了EBay应用的一些数据，并引用了EBay首席执行官的话：

eBay应用被下载了1000万次，产生了6亿美元的销售额，今年销售额有望达到15亿至20亿之间。

乔布斯接下来要介绍三个即将登陆App Store的应用，第一个是Netflix，然后他邀请Netflix的CEO Reed Hastings上场。

然后是Zynga的Mark Pincus上台，介绍了当年最火爆的社交游戏"农场"。

第三个是Activision的SVP Karthik Bala，他介绍了"Guita Hero"这款游戏。

介绍完三个应用后，乔布斯告诉大家，Apple的App Store刚刚达到了50亿次下载的记录。

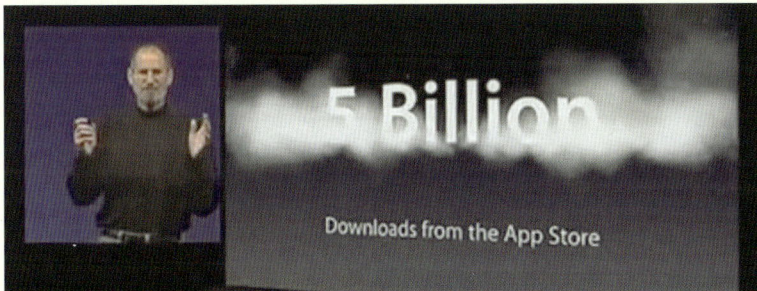

这里"5 Billion"这个文字使用了一个动画效果，这个效果是"动画效果"→"构件出现"→"添加效果"→"轰然坠落"。名字很贴切吧？Apple已经给予了开发者超过10亿美元的收入。

接下来到了每次发布会的重头戏！iPhone！！！

首先乔布斯介绍了尼尔森公司发布的2010年美国智能手机的市场份额：

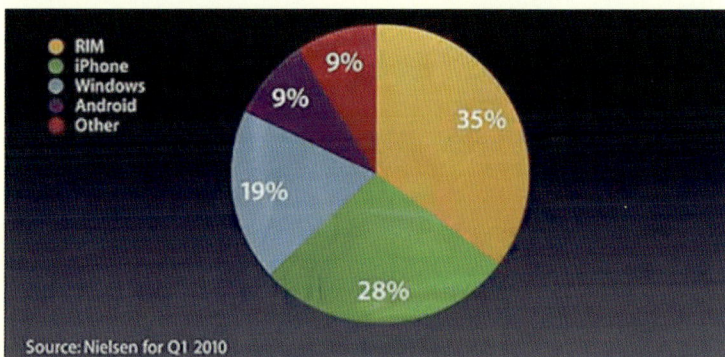

这是一个我们之前没有接触过的饼图。下面我们来学习如何制作它。

效果2：市场份额的饼图

【时间：28：11】

❶ 首先选择"图表"→"三维"→"饼图"命令，如下图所示。

然后一个饼图就出现在视野当中，如下图所示。

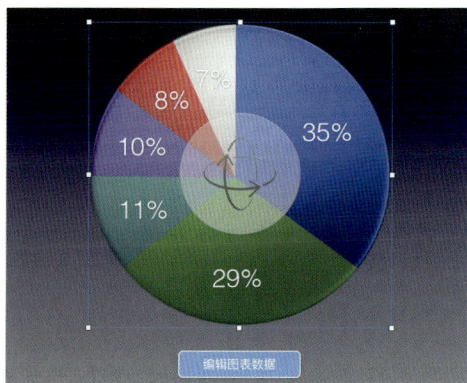

❷ 拖动中间的环形标志可以更改饼图的视角。先单击下面蓝色的"编辑图表数据"，出现数据输入表格，输入如下图所示的数据。

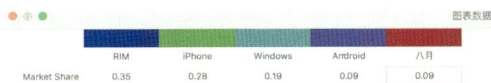

3 然后来更改图表的颜色。双击蓝色扇区，选中它，选中后如下图所示。

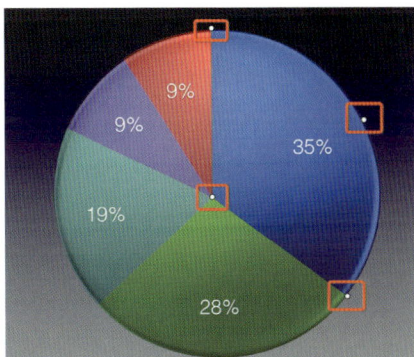

4 注意选中后会出现如上图所示四个手柄。然后在右侧选择"格式"→"样式"命令，在"填充"下拉列表中选择"颜色填充"，如下图所示。

5 然后单击土黄色旁边的那个彩虹盘，会弹出如下晶莹剔透的颜色选择窗口，如下图所示。

6 这是一个Apple的标准调色盘，这里选择一个偏橘黄的颜色。这个时候就会发现扇区的颜色已经发生变化了。然后以同样的方式分别修改其他几个扇区的颜色，完成后如下图所示。

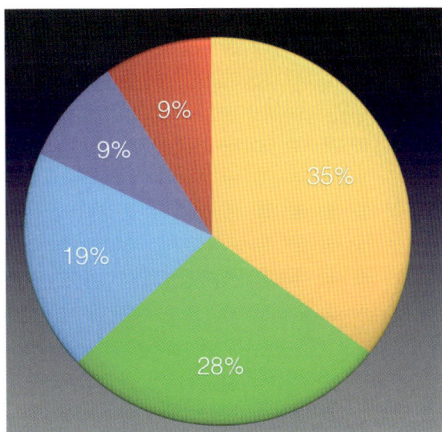

7 保持图表是整体被选中的（而不是某个扇区），然后在右侧的"格式"→"图表"区域，勾选"图例"复选框，然后就会看到图例出现在了视野中，我们可以拖曳它，调整它的字体大小和位置。这里把它放在左上角的位置。

　　下面的三维场景是用来控制三维效果的，大家可以自己改变这些值来看看效果。然后单击"格式"→"扇区"命令，在这里可以选择和修改扇区相关的设置，比如这里不仅仅想显示百分比，还想显示出来系统的名称，我们也可以控制"35%、28%"这些值距离饼图中心的距离。不过在这里调整的话，是调整所有数值。如果仅仅想让"19%"离中心近一点怎么办呢？简单，只需双击选中"19%"这个数值，然后在右侧的"离中心的距离"选项中拖曳滑杆的位置就可以调整数值的位置了，如下图所示。

8 还可以在扇区区域选择"位置"，这里可以调节各个扇区的相对位置，比如让它们更加"四分五裂"一点，如下图所示。

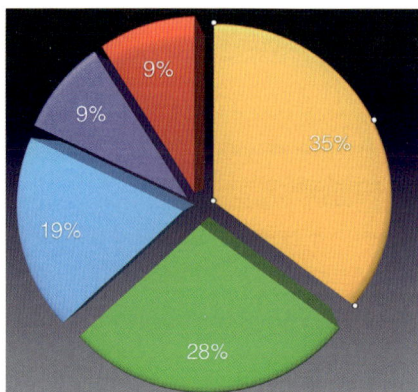

如果仅需要将某个扇区"踢出去"一点，那么也是双击它，然后拖曳它就可以了。

❾ 最后，要给这个饼图添加一个出场的效果。选中它，然后单击"动画效果"→"构件出现"→"三维升降"命令，然后把旋转角度设定为40度左右，然后播放，就会看到这个饼图扭着登场了！

【视频】说完市场份额，乔布斯强调了iPhone的市场份额是Android的3倍。然后乔布斯又用一组数字介绍了美国移动浏览器的份额（Apple曾经多次使用这个数据来说明iOS设备的使用量大大领先于竞争对手。虽然Android的市场份额高，但是在Android使用移动浏览器的人却少，所以说明了大家买了Android都不怎么用来上网）。

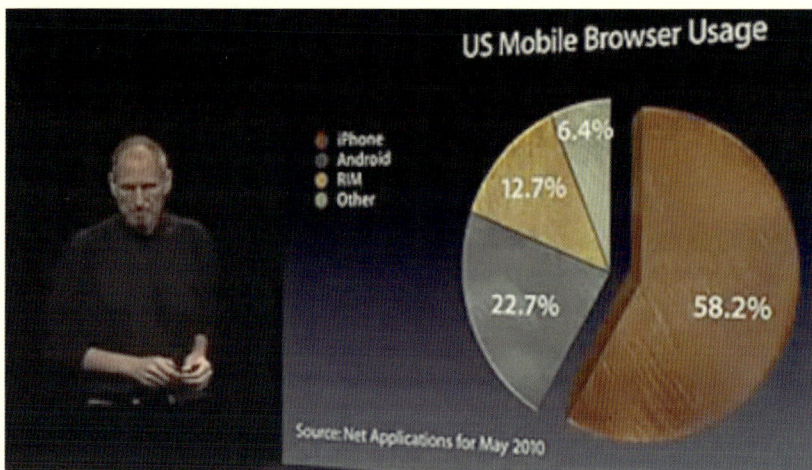

可以看到，iPhone占据了第一位，58.2%的市场份额。

接下来，见证历史的时刻来了，乔布斯循序渐进地介绍了每一代iPhone的特点：

看到了么？2010年的口号是：iPhone有史以来最大的进步！（听起来耳熟么？）。

乔布斯介绍iPhone 4的第一句话是"This is really hot!"，翻译成中文就是"它实在是太性感了！"。乔布斯说这个新的iPhone有超过100个新的功能，但是我仅仅有时间给大家介绍其中的8个，第一个就是：全新的设计！

乔布斯展示了一张仅露出一个角的iPhone 4的照片，然后说"如果你们已经觉得看过这个了，就阻止我吧！"（意思就是根本不可能有人见过这么牛的设计！）。

它严丝合缝的组装，犹如一台老式的莱卡相机。（乔布斯和Apple的首席设计师乔纳森·艾维都是徕卡相机的粉丝。）

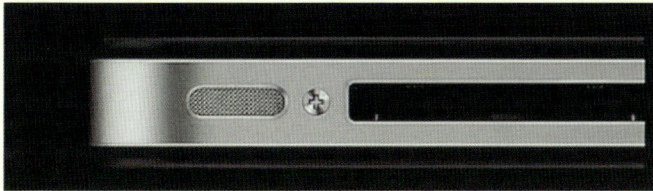

第一个正面照：

当年的iPhone 4，仅能用惊世骇俗来形容，它的工艺水平，甚至完全不输于如今的iPhone 6s。
接下来又是一个包袱，乔布斯说你们已经都看了一些图片了，难道你们不好奇这个到底是什么？

有人说这看起来也太不像Apple干的事情了，在这么漂亮的不锈钢圈上有一条黑线。乔布斯说其实不是一个，而是一共有三个。这是某种类似于天才的设计，iPhone把这个钢圈分成三部分，分别把他们用来作为手机的天线！

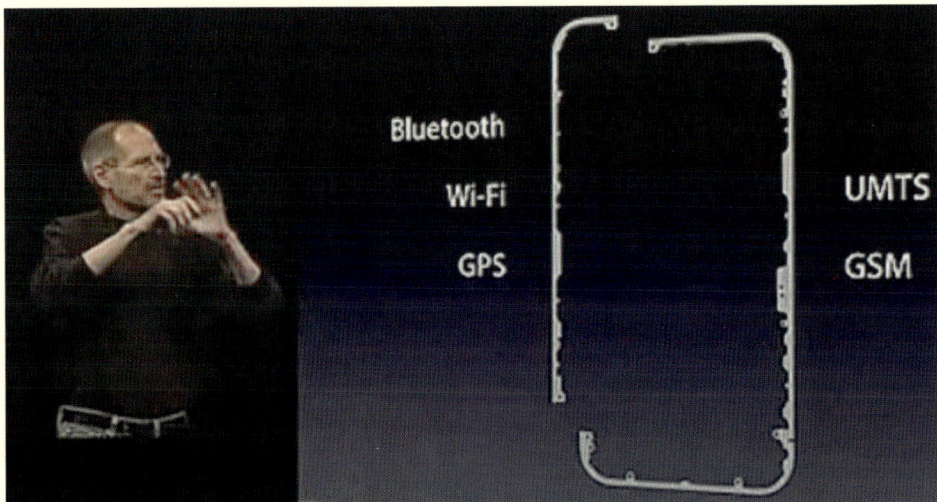

想想以前Nokia手机上那个突出的粗大天线，就可以知道Apple的这个设计有多么超越时代了。
第二点，是Retina Display，中文叫做视网膜屏幕。

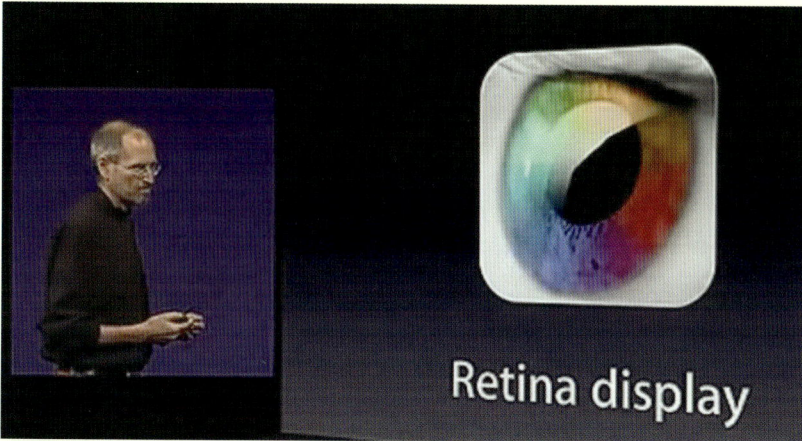

　　Apple在介绍新的功能点的时候，如果这个点足够创新，就会为它起一个新的名字，表明这个事情是前无古人的，然后又可以用作新的商标专利申请，还便于记者进行宣传，又做出了跟竞争对手的区隔，还能加深这个功能点在消费者脑海中的印象，一举多得。如果当年Apple仅是把iPhone 4的屏幕叫做"高清屏"或者"超高清屏"，那么相信立刻就会被竞争对手给淹没，而且Apple基本不能获得"高清屏"这样一个专属的商标。但是现在呢，大家都记得视网膜屏幕。

　　乔布斯接下来解释了为什么高像素的Retina display能够让字母看起来更加清晰。在放大的情况下，我们可以明显看到右侧的Retina版本有较多的细节。

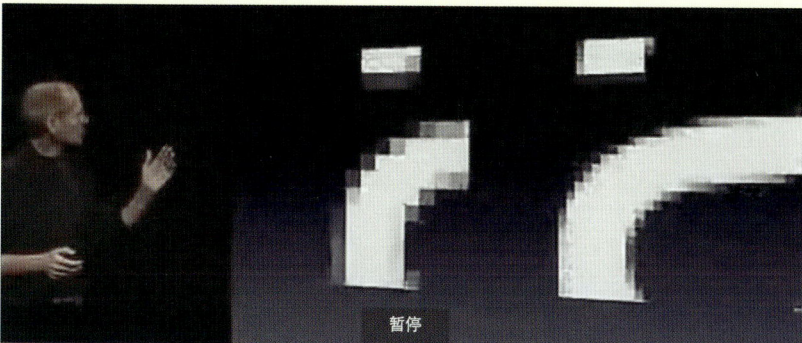

　　放大后，我们能看到，右侧的a明显更加清晰和锐利：

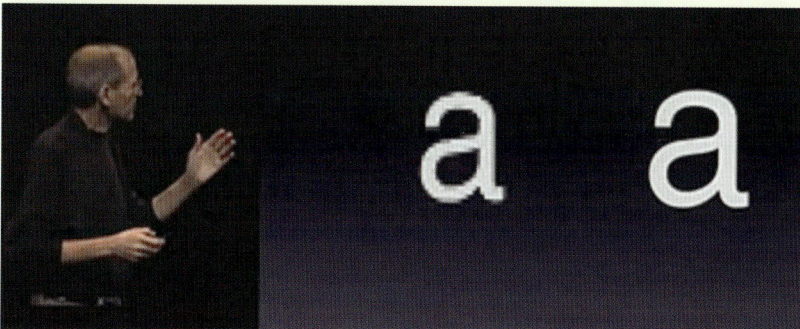

　　乔布斯接着说当分辨率达到超过每英寸300像素的时候，人眼就已经很难识别了，而iPhone 4达到了每英寸326个像素。然后乔布斯忍不住拿了一部iPhone 3Gs和iPhone 4做对比进行了演示。

　　当演示到打开同一个网页来比较的时候，因为现场的WiFi条件不是很好，用了很长时间网页也没有打开。本来这是一个很尴尬的时刻，但是乔布斯用它的幽默化解了：我们在现场的WiFi总是很难以预料……（又过了会儿），那些现在正在用WiFi的朋友们，如果你们能好心地登出，那就再好不过了（全场大笑）。

　　总之，乔布斯说的Retina Display设定了新的行业标准是正确的。多少年后，仍然有无数的手机厂商在提升屏幕的分辨率，企图与Apple一较高下。

　　再看一眼Apple为Retina Display设计的Logo：

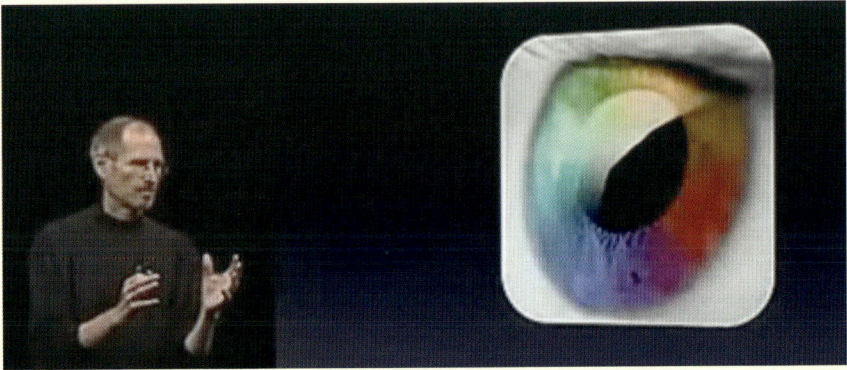

　　第三个特点，是iPhone 4由新的A4芯片驱动。A4芯片是由苹果自己的团队设计，用在iPhone 4中真是棒极了。

　　第四个特点，是在iPhone 4中加入了陀螺仪（Gyroscope）。乔布斯为了演示这个相对来说较难理解的概念，他没有仅仅列出一系列数据，而是用一个"抽方块"的小游戏来说明陀螺仪的妙用。

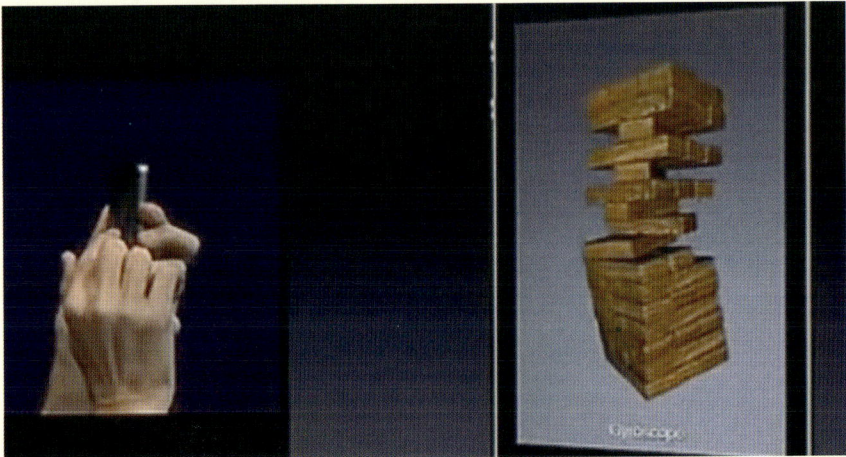

　　随着乔布斯一块一块地抽去木块，整个木块堆最终倒塌。全场爆笑鼓掌。

　　第五项是全新的镜头/照相系统。乔布斯说很多厂商一提到照相，都会集中在像素，但是Apple更愿意问这样一个问题：我们如何才能拍出更好的照片。这两个答案并不是等价的。（更高像素不代表更好的照片）。对于手机来说，更重要的是如何捕捉更多的光线，因为手机的摄像头是如此的小，所以，对于iPhone 4来说，除了提升像素分辨率，Apple还做了如下的事情：

- 背面光照传感器。
- 在增加像素数量的同时，保持像素大小仍然为1.75微米。
- 5X的数码变焦。
- 轻触对焦。
- LED闪光灯。

这样做的结果就是，iPhone 4能拍出让人惊叹的照片。

乔布斯接下来展现了一组iPhone 4拍摄的照片，他在切换这些照片的过程中使用了特殊的动画。下面我们来学习。

效果3：照片切换

【时间：53：07】

❶ 这个翻页的效果要用页面的过渡动画来实现。为此，先添加三个幻灯片，每个幻灯片上只有一个风景图片。第一个幻灯片如下图所示。

❷ 在左侧的幻灯片预览区选中这个幻灯片，然后在右侧单击"动画效果"→"过渡"→"添加效果"按钮，然后添加一个"翻页"的效果，如下图所示。

"持续时间与方向"就选择默认的"从上至下"，其他也不用修改。

这个时候，如果我们播放幻灯片，就可以看到当前的幻灯片向下翻页，然后第二个幻灯片出现，跟乔布斯展现的效果一样。

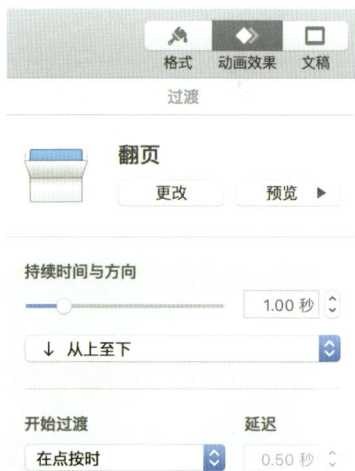

❸ 可以在第二张幻灯片上同样添加这个"翻页"的过渡。

这个效果很简单，大家可以自己研究一下，其实页面的过渡有非常多的效果。如果普通的动画不能实现你要的效果，页面的过渡动画可以是一种选择，如下图所示。

【视频】接下来是关于iOS 4的一个演示。惊喜地发现iPhone现在可以把几个App放入一个文件夹。

第七项是iBooks。刚才在iPad上看过iBooks了，现在把它带到iPhone上来。这个时候，就有了问题：如果在iPhone上读书，没读完可能又开始在iPad上读了，然后又回到iPhone上……怎么解决这个问题呢？Apple第一次开始考虑多个设备之间的同步问题。所以你只购买一次，就可以在iPad、iPhone和iPod上下载阅读。iBooks还可以自动同步你的阅读进度、书签和备注。

第八项是iAds。Apple为什么要推出iAds呢，因为：

"希望开发者能挣更多的钱然后就可以继续开发免费和低价格的应用了"。Apple会去销售这些广告，也就是说Apple会去找广告主。开发者要做的，就是告诉Apple把广告显示在应用的什么地方，然后开始收钱就可以了——60%的收入归开发者所有。Apple在开始销售iAds 8周后，就已经签下了香奈儿、GE和JCPenny这些高端的品牌。

接下来乔布斯展示了一个Nissan Leaf的iAds广告。下图是iAds广告在iPhone上的显示效果：

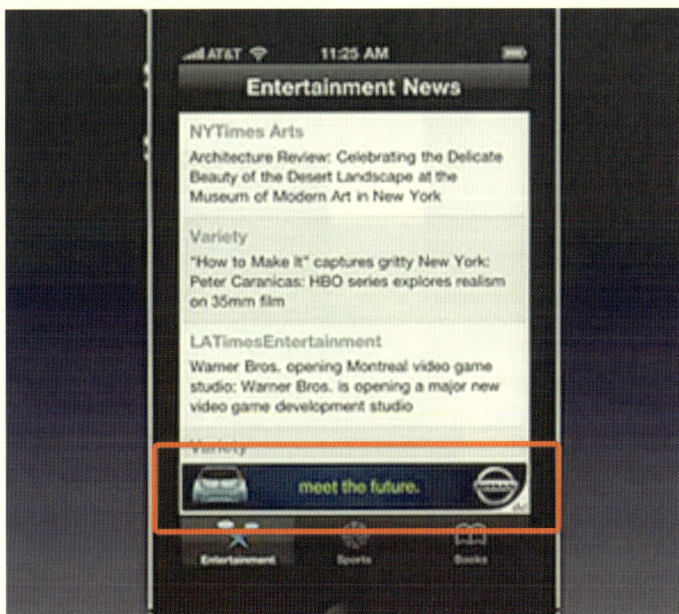

用户单击后，会有一个全屏的视频广告；

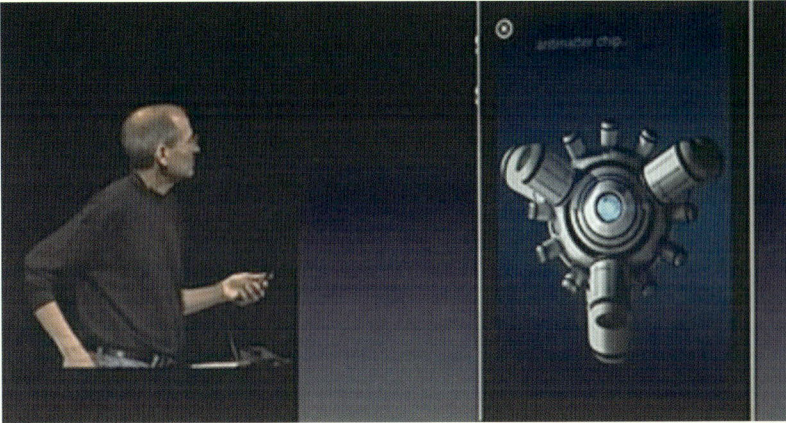

　　这个不仅仅是一个视频。用今天的话来说，这是一个基于H5的富媒体页面。大家不觉得熟悉么？对，微信上面的广告页面就是这样的类似体验。

　　还是这个广告，当你希望换一下车辆颜色的时候，只要摇动手机就可以了……熟悉么？2010年Apple就在"摇一摇"了……

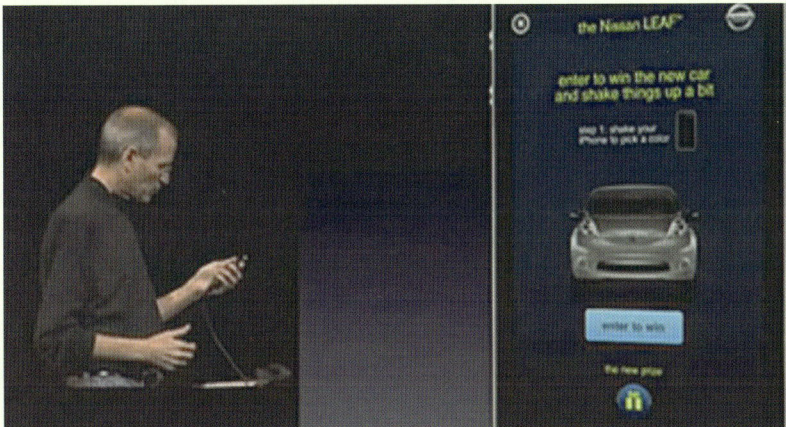

　　摇一摇，变个红色的出来。

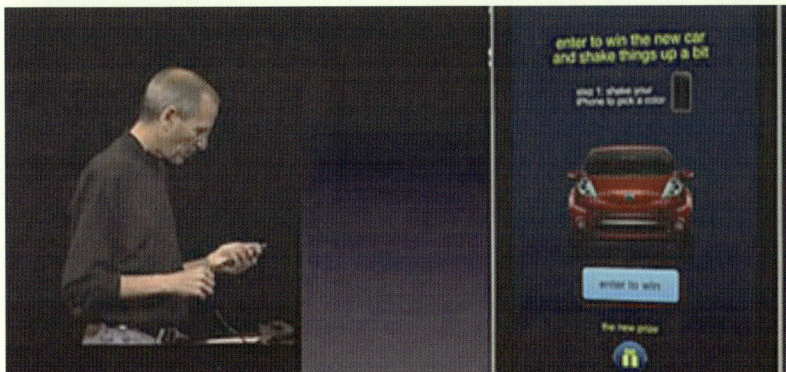

接下来乔布斯展示了一张只有一半的饼图：

这是怎么做到的呢？下面我们来学习。

效果5：只剩一半的饼图

【时间:87:32】

❶ 下面来制作这个饼图。首先拖曳一个三维饼图到界面中，然后为它添加三个数据，分别是130、60和60，所以总数是250，如下图所示。

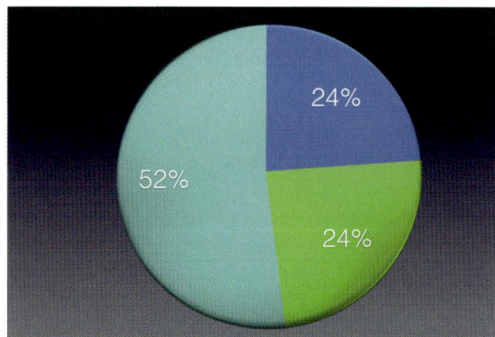

❷ 选中该饼图后，单击右上角的"格式"→"图标"，选择木纹的样式，如下图所示。

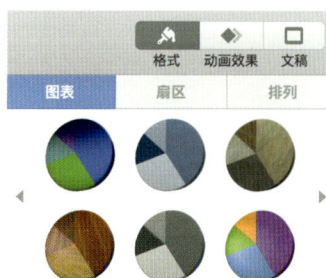

现在界面是这样的，如下图所示。

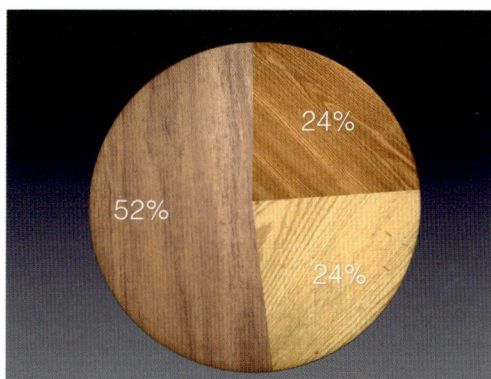

❸ 双击选中第二个"24％"的扇区，单击右侧的"格式"→"样式"按钮，在填充处选择"无填充"，如下图所示。

现在界面看起来是这样的，如下图所示。

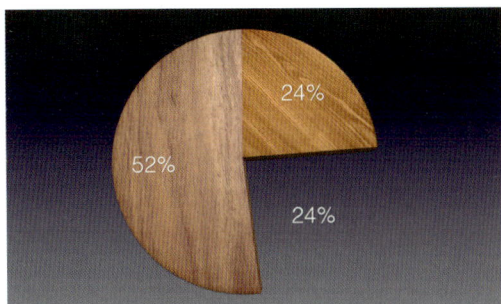

❹ 扇区完全透明了。然后双击这个透明区域里面的"24%"，选中它，在右侧的"格式"→"扇区"部分中，将"标签"下面"值"前面的复选框取消掉，如下图所示。

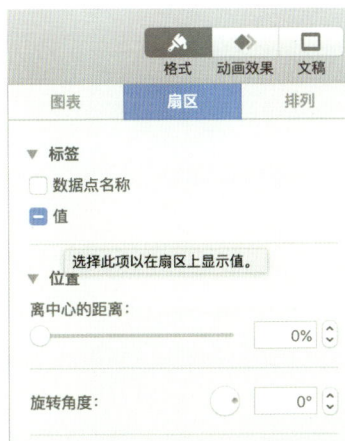

这个时候再看图表，发现"24%"没有了，如下图所示。

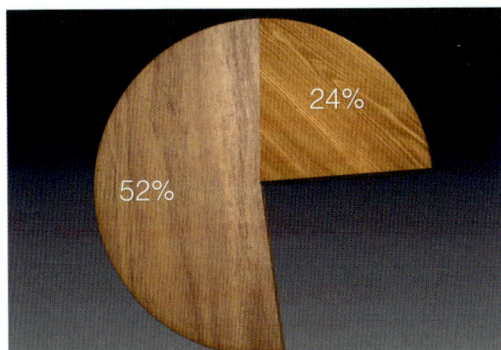

❺ 用同样的方式可以将"52%"的区域隐藏起来。完成后，只有24%的区域了，如下图所示。

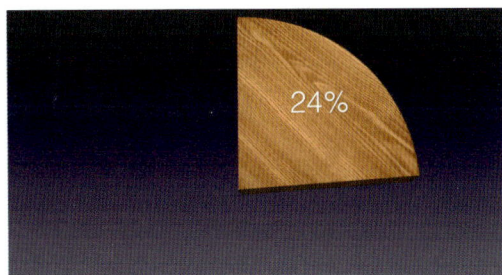

❻ 有趣么？用同样的方式，可以新建一个图表一样，但是把第一个"24%"的扇区和第三个"52%"的扇区隐藏起来，然后再新建一个，但是把两个"24%"的扇区都隐藏起来，仅剩"52%"的那个扇区。然后，用这三个饼图的"24%，24%和52%"部分拼成一个完整的100%的饼图。这样，就可以使用动画来分别控制这三个部分了。拼接好的饼图是如下图所示。

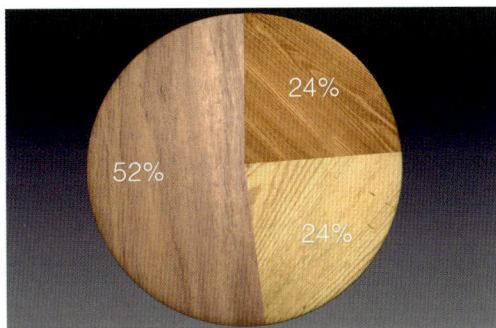

看不出来其实是三个图吧？

❼ 单击"52%"选中最后添加的这个饼图，然后单击"格式"→"动画效果"→"构件消失"→"三维成形"命令。然后播放一下整个幻灯片，就会看到当你单击鼠标的时候，左边的"52%"的部分消失了，这就是乔布斯在发布会上演示的效果。

【视频】完成了iPhone 4的8个新功能后，乔布斯说了"There is one more thing!"。然后他走到台边的沙发上坐了下来，然后说"在2007年，我们发布了第一代iPhone，我打了在iPhone上的第一个电话，给我的好朋友也是Apple的设计负责人Jonhnny Ive。今天我也要做同样的事情。"然后他拨通了Johnny的电话，是一个视频电话！

（不知道有没有人注意到，Johnny在这个画面上看起来真的像是一个两只耳朵不一样的米老鼠。）

乔布斯说我们从小都是看着星际迷航长大的，里面有很多视频通话的镜头，今天居然都成真了。尤其是当大家都把WiFi关闭的时候。（乔布斯还在暗讽刚才很多人都用网络从而导致他的演示非常缓慢。）

然后，又一次，Apple没有把这个叫做"视频通话"，而是把它叫做了"FaceTime"。并且如你所想，Apple申请了FaceTime商标。

接下来乔布斯介绍了第一次出现的iPhone保护壳：Bumper。它有很多种颜色：

接下来乔布斯播放了一个视频，所有的SVP都出场介绍了新的iPhone 4的功能和设计。然后乔布斯又上场，他说：所有人都认为Apple是一家科技公司，我们是发明了一些非常前沿的技术，但是我们不仅仅是科技公司，而是科技与自由奔放的艺术的结合，是硬件与软件的完美结合。

【总结】

所有人都知道，这是乔布斯的最后一次发布会。iPhone 4在工艺和设计上的进步是无与伦比的。如乔布斯所说，它确实像一部经典的莱卡相机——工程、艺术和软件的完美结合。以至于多年以后，即使在iPhone 6大屏的天下，仍然有人深深怀念iPhone 4——有很多人也说过他们只不过想要一部大屏的iPhone 4而已。

从iPhone 4身上，也更加看清楚了Apple在产品更新上的一些野心，他们不仅仅提供功能，而是提供完整的场景——这些场景就来自普通生活。其实Apple从不发明场景，而是发现场景里面的问题，然后用更好的软件、设计和硬件来解决问题。一旦Apple用新的方式解决了场景中的问题，他们就会设定新的专利和商标来定义这个场景中的新方案。比如高清屏幕定义为Retina Display，视频通话定义为FaceTime。当然我们之后看到的Touch ID、ApplePay无不是这种策略的延伸。Tim Cook也说过，Apple擅长的，就是找到那些做的还不够好的地方，然后去解决它。

Apple有非凡的设计功力，不得不承认每一代iPhone在设计上都是划时代的，都挑战了工艺的极限，但是这并不是Apple的精华所在。其实有时候设计升级也是为了商业。在根本上是对于场景的改造，更快、更简单、更好用才是根本。

Chapter 5

2011 年iPhone 4s 发布会

扫码看视频

【视频】2011年的发布会首先由Tim Cook开场。地点是在一个比较小的舞台。

　　Tim说这是我个人在任命为CEO后第一个产品发布，我确定你们很多人都不知道这一点。Tim说我非常热爱Apple，我已经在Apple工作了14年，对于担任CEO一职感到非常兴奋，这是一生的荣誉。今天开会的这个地点，被Apple称为Townhall（市政厅），这里有着特殊的意义。10年前，我们在这里发布了最初的iPod，改变了我们听音乐的方式；1年前，我们在这里发布了MacBook Air，从根本上改变了人们对于笔记本的想像。今天随着我们宣布在操作系统、应用、服务和硬件上面的创新，以及更重要的，我们将所有这一切整合为一个强大、简单而又完整的体验，我们将再一次让你们感受到Apple的独特之处。请注意这个总结：Apple提供的，永远不仅仅是一部iPhone或者一个Keynote软件，亦或是一个3D touch功能，它永远提供的都是一个强大、简单的体验过程。

　　Tim接下来会介绍一系列的更新，第一个就是上个周末，Apple在中国新开了两家零售店，一个在香港，一个在上海。上海南京路的零售店，在开业的第一个周末就迎接了10万人，而在洛杉矶，我们认为我们很好的时候，一个月才有10万人。

　　Tim有好几次的演讲都是从零售店开始的，我们之后会看到更多。

　　这是香港的店铺：

在那个时候，Apple在全球有357家零售店。

大家可以注意到在Tim切换幻灯片的时候，用到了"神奇移动"。

Tim接下来要介绍所有产品线的更新，第一个就是Mac。他用了一台Mac笔记本电脑作为背景。这里有一个放大拉近的效果，我们来学习制作。

效果1：MacBook Air的屏幕拉近效果

【时间：06：51】

❶ 首先打开Apple网站的如下链接：

http://www.apple.com/pr/products/macbook-air/macbook-air.html

在这里，可以下载Apple官方的产品图片。选择如下图所示这张图片，放置在Keynote中。

❷ 用之前学过的 "编辑遮罩" 和 "即时Alpha" 将这张图片修饰为如下图所示的样子。

❸ 保持这张幻灯片不变，将它复制粘贴出来一个新的，所以现在有两张幻灯片，如下图所示。

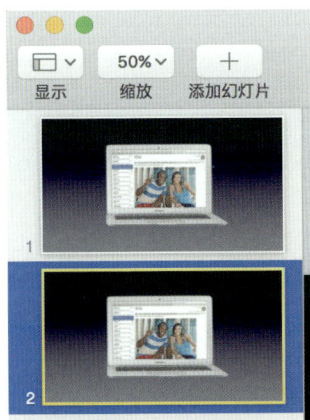

❹ 然后选中第二张幻灯片上的图片，拖住图片角上的手柄，将图片拖大，如下图所示。

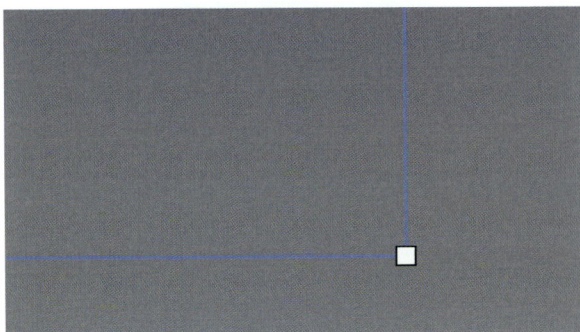

❺ 如果整个界面太大，不好拖曳的话，可以把界面的显示比例修改一下。这里将界面左上角的 "缩放" 修改为 "25％" ，如下图所示。

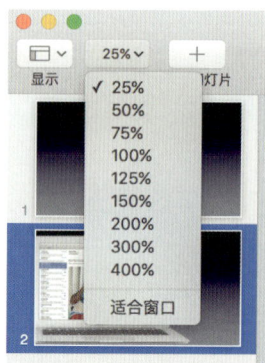

这个时候界面看起来是这样的，如下图所示。灰色部分是"后台"，是看不到的。

❻ 把图片拖曳覆盖住整个幻灯片背景，如下图所示。

❼ 然后再选中"幻灯片1"，为它添加一个"神奇移动"的过渡效果。这个时候，播放幻灯片，就可以看到MacBook Air向前逐渐放大，直到显示桌面。

　　制作这个效果的前提是，必须要有一张分辨率足够高的图片，这样才能在放大之后不失真。

【视频】Tim接下来谈起Apple的操作系统OS X Lion，Lion是Apple第一次提供通过APP Store下载升级和购买的操作系统，从此，再也没有通过光盘升级的Apple操作系统了。

　　然后，自然的，Apple又开始拿Windows做比较。Windows 7用了20周，才有10%的用户完成了升级，而Lion仅用了2周就达到了。

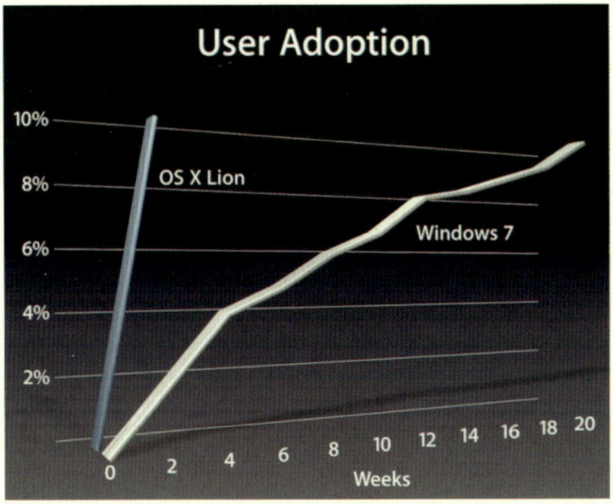

这是一个很直观的图表，它有两组数据。下面我们来学习如何在一个坐标系上展现两组数据。

效果2：一个坐标上展现两组数据

【时间：08：35】

❶ 首先选择图标，然后添加一个三维折线图，如下图所示。

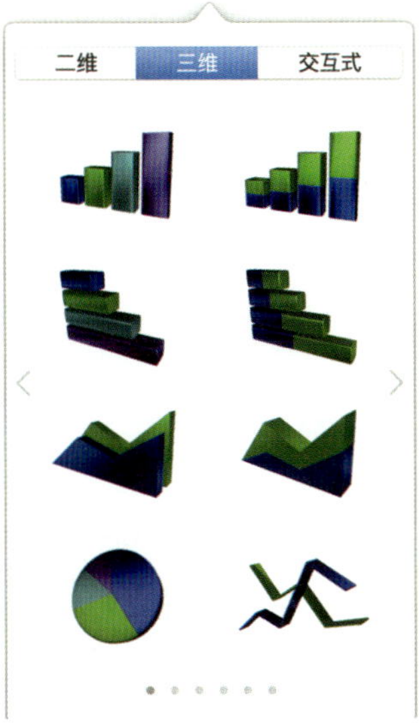

❷ 然后为它添加如下的两组数据，如下图所示。

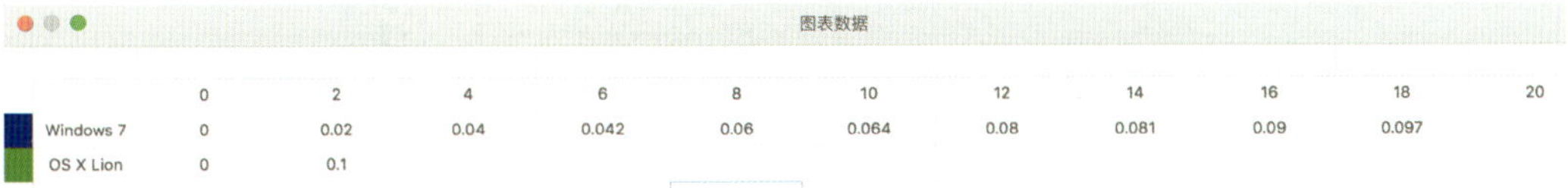

	0	2	4	6	8	10	12	14	16	18	20
Windows 7	0	0.02	0.04	0.042	0.06	0.064	0.08	0.081	0.09	0.097	
OS X Lion	0	0.1									

完成后界面看起来如下图所示。按住图表中间的旋转手柄可以调整三维图表的透视情况。

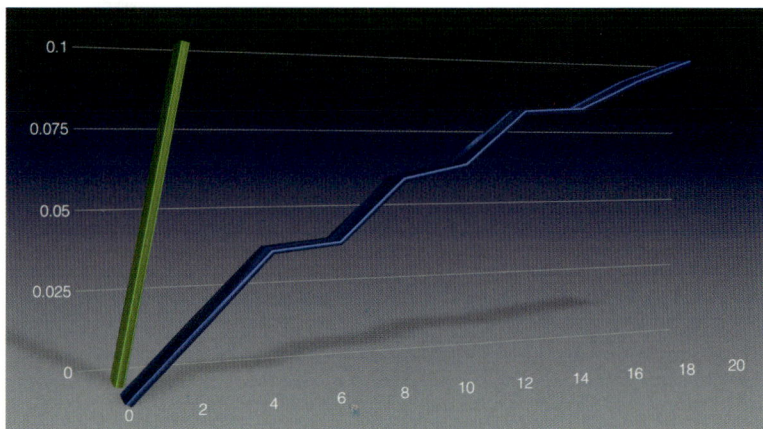

❸ 选中左侧的Y轴（双击该区域即可），然后在右侧的"格式"→"坐标轴标签"处，找到"数值标签"，然后修改为"百分比"，如下图所示。

这个时候图表的坐标轴也会发生变化，如下图所示。

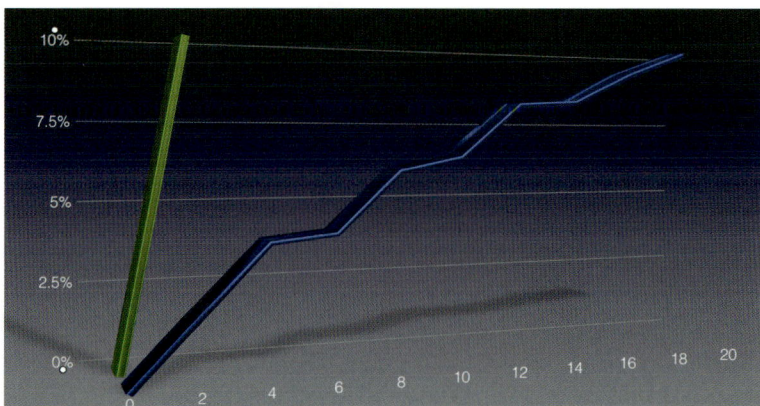

❹ 但是其分布为0、2.5、5、7.5和10，我们希望是0、2、4、6、8、10，怎么修改呢？选中整个图表而不是坐标轴，然后选择"格式"→"坐标轴"→"值（Y）"命令，将标度的等份改为5等份，如下图所示。

⑤ 将下方的"显示最小值"前面的复选框取消，这样Y值就不会显示为"0%"了。完成后如下图所示。

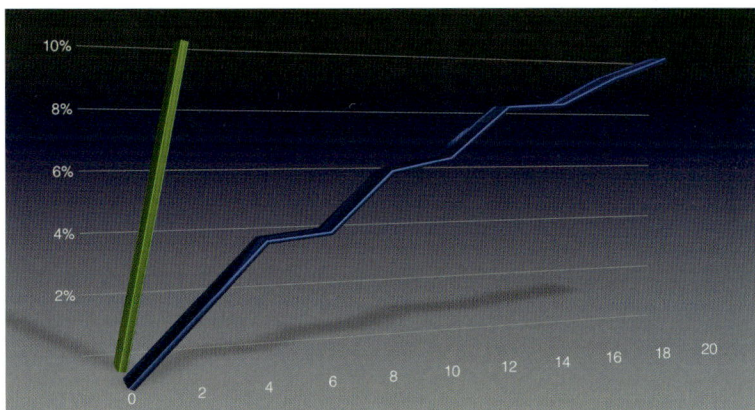

⑥ 接下来双击绿色的折线，选中它，然后在右侧选择"格式"→"样式"→"填充"命令，选择颜色填充，然后选择一个蓝色。用同样的方式，选中现在蓝色的折线，为它更换一个灰白色的填充颜色。完成后如下图所示。

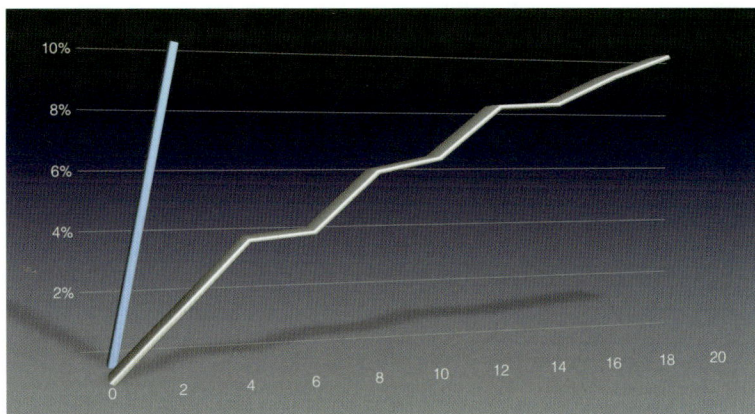

⑦ 最后，为图表加上动画。选中整个图表，然后在右侧选择"动画效果"→"构件出现"命令，然后选择"三维成型"，再选择播放方式为"按序列"，也就是将蓝色的线条和白色的线条分开播放。这样，就能够依次看到：显示白色线条出现，介绍Windows 7，然后蓝色线条出现，介绍OS X。

至于图片上的OS X Lion和Windows 7，只要添加文本部件就可以了。

【视频】到了2011年，Mac的全球安装量已经达到了5800万，这里又是一个上升图，我们再也来学习一下。

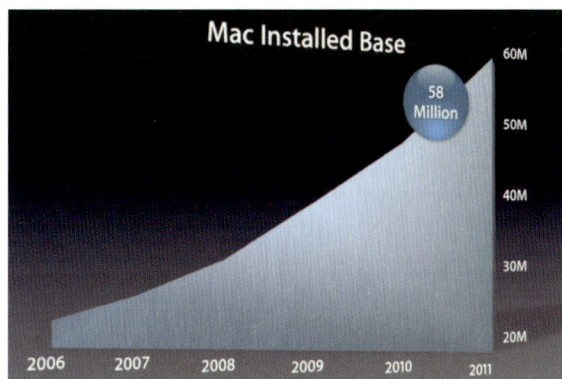

效果3：现代感的面积图

【时间：09：39】

❶ 先添加一个图表里面的面积图，如下图所示。

出现的图形如下图所示。

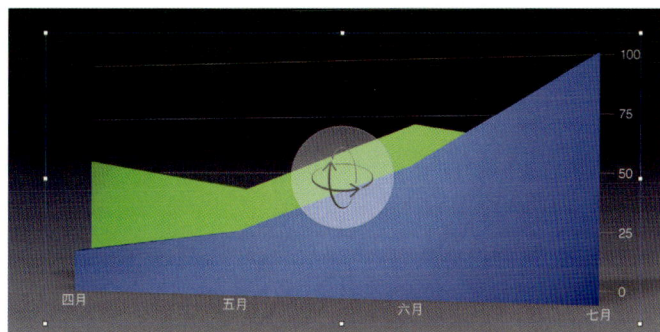

❷ 单击"编辑图表数据"，删除绿色的区域，然后为蓝色的图形输入如下的数据：

		2006	2007	2008	2009	2010	2011
	区域 1	24	29	33	40	48	60

图表数据

现在如下图所示。

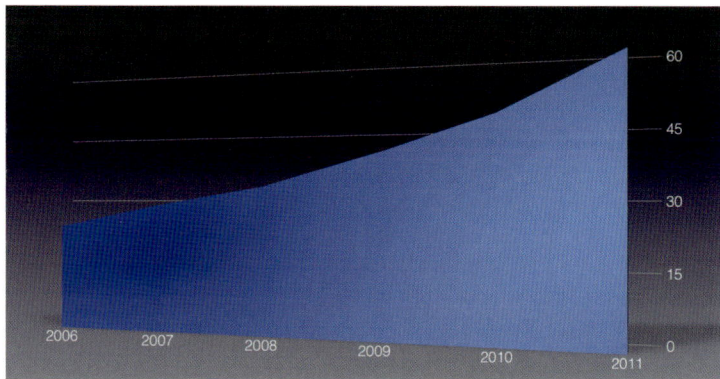

❸ 第一个看到的问题就是Apple的幻灯片中，Y轴是从20M开始的，而这里的是从0开始的。要先修正这个问题。为此，选中整个图片，然后在右侧选择"格式"→"坐标轴"→"值（Y）"命令，在"坐标轴标度"处选择"最小值"，然后输入"20"，并且在"后缀"中输入"空格+M"，如下图所示。

目前的界面如下图所示。

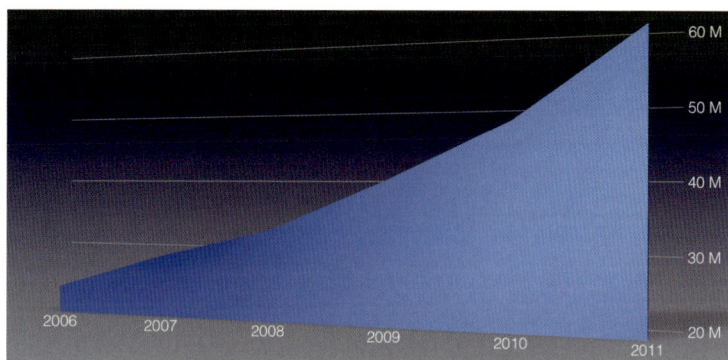

④ 接下来为图表换一个颜色。双击蓝色的图形部分，仅选中图形而不是整个图片，在右侧选择"格式"→"样式"→"填充"→"纹理填充"命令，然后选中如下图所示的有金属效果的颜色。

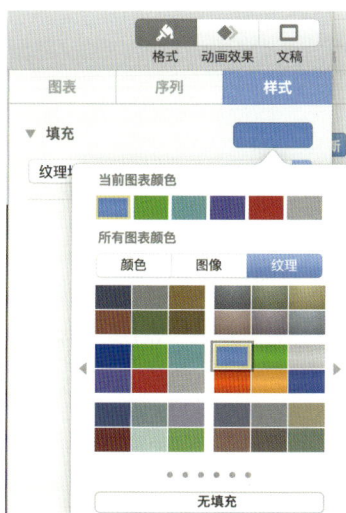

现在看起来如下图所示。

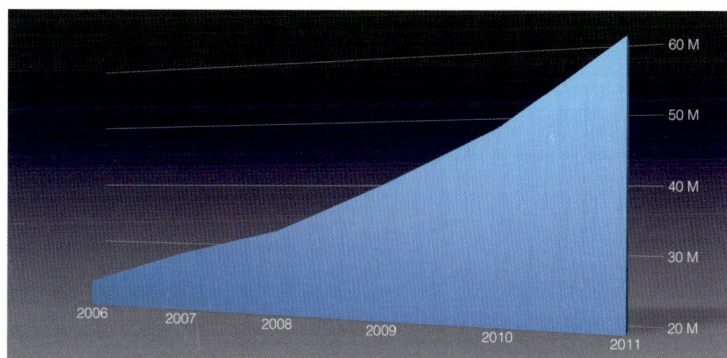

⑤ 接下来选中整个图表，在右侧选择"格式"→"坐标轴"→"值（Y）"命令，然后选择"网格线"，再选择"无"，就能消除图表中的横向网格线。完成后如下图所示。

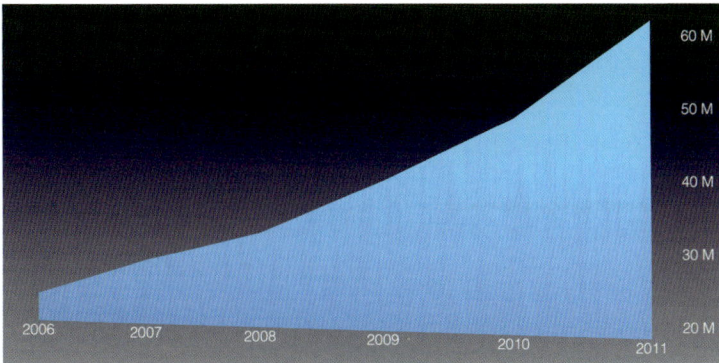

⑥ 接下来选择"形状"，然后选择一个圆形添加到场景中，如下图所示。

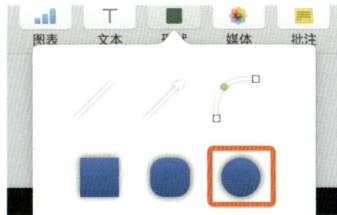

⑦ 调整它的颜色，然后加入文本（直接在选中圆形的情况下键盘输入即可）。完成后如下图所示。

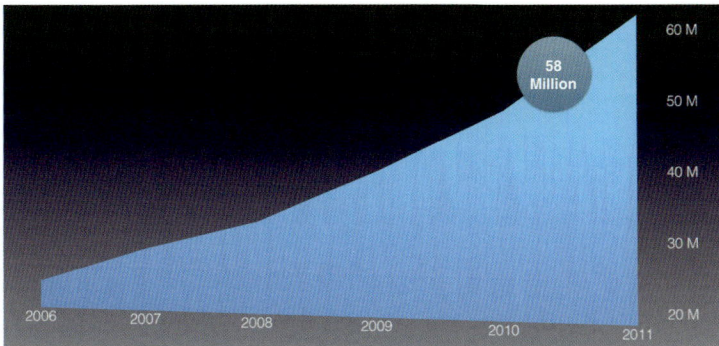

⑧ 最后加上文本，如下图所示。

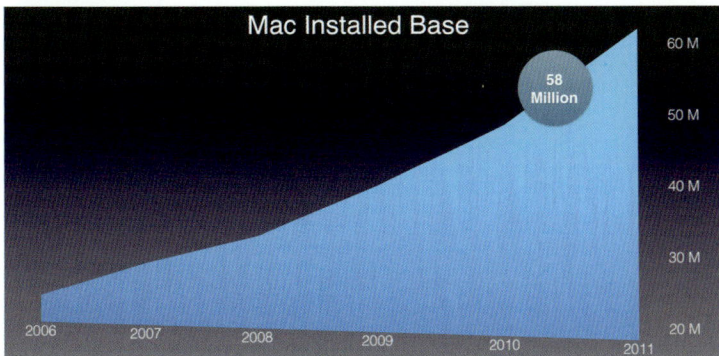

【视频】接下来Tim用一组覆盖全屏的图片展示了用户如何使用iPod。Apple经常在演示中适时使用这些拍摄非常精美的全屏图片来展现用户是如何使用Apple产品的，效果非常好，让观众有身临其境的感觉。

Apple已经卖出了太多的iPod：

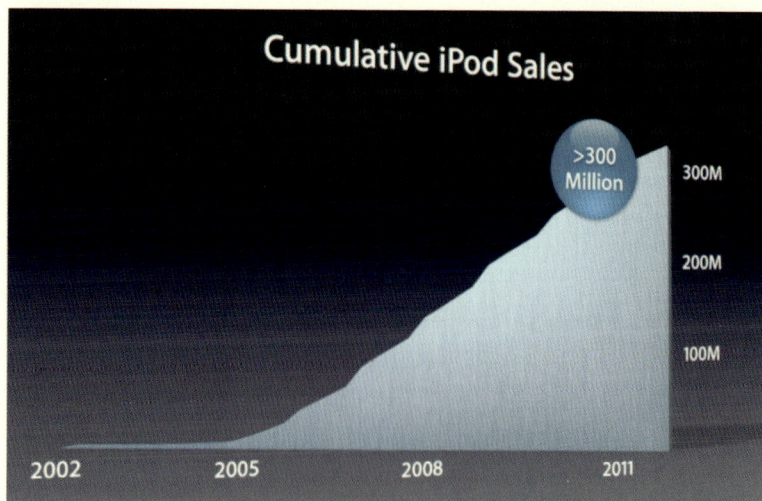

为了让大家知道这个数字有多恐怖，索尼用了30年才卖出22万台Walkman! 通过这种对比，大家就能看到当年iPod的销售有多么火爆。然而，从诞生到退出舞台，也仅仅用了不到10年。在IT行业，10年弹指一挥间。

这里给大家看看当年第一个版本的iTunes：

接下来Tim说："我们要来说说iPhone了，这也是今天这个屋子这么多人的原因。"现场大笑。毫无疑问，iPhone 4是2011年销量世界第一的智能手机。而且对于消费者满意度来说，也是无人匹敌：

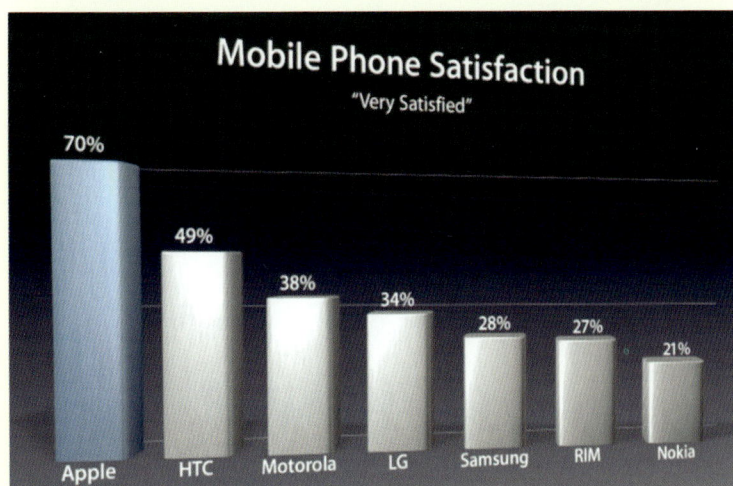

这是一个相对来说比较普通的柱形图，相信大家可以自己摸索解决。

2011年，iPhone份额占到整个手机行业的5%。Tim说Apple看的是整个手机行业，而不仅仅是智能手机，因为Apple认为早晚所有的人都会使用智能手机——这个市场是每年15亿部的销售量。

接下来是Apple最年轻的产品线：iPad。Tim先强调了iPad在教育行业的应用和其受到的重视。看看这张图：

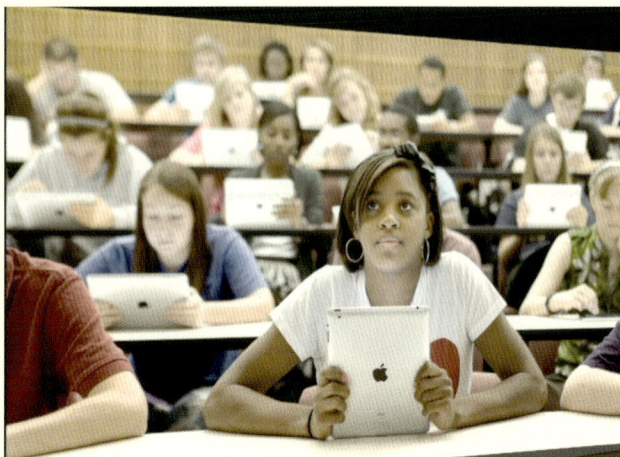

如果真的每个学校以后都这么教学，每个学生都这么听课，Apple的市值还要翻上几翻。不得不说，笔者也还在使用当年的iPad第二代，没有觉得丝毫缓慢。在现在的时代，10年后还能用的IT产品，恐怕也只有Apple的了。

并非是教育和学生，航空人员、医生、董事会成员……很多人都在用iPad。也许iPad确实不是生产出来给所有人用的，但是假以时日，iPad能够成为很多专业人才在专业领域不可或缺的工具。

如大家所知，iPad从一开始，就独霸了平板电脑市场。有一句说得最好：

"Consumers don't want tablets, they want iPads."

– John Paczkowski, All Things D

"消费者想要的不是平板电脑，而是iPad。"

最后，Tim总结，到目前为止，我们已经出售了2.5亿台iOS设备（包括iPhone、iPad和iPod）。

接下来请Scott Forstall上台，介绍最新版本的iOS。

Scott先展示了一张图表：

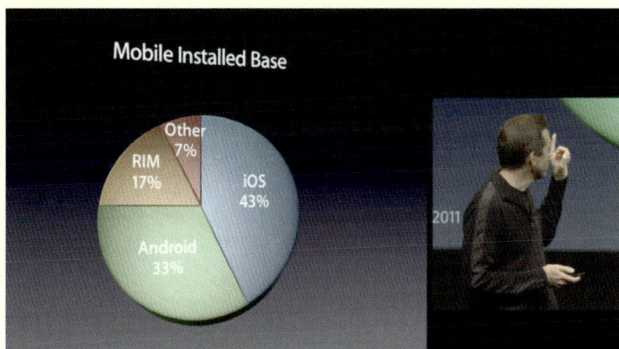

这是2011年美国的移动操作系统的市场份额，iOS领先，但是Android已经追赶上来了。Apple一贯的观点就是，用户不仅仅喜欢Apple的产品，而且喜欢用Apple的产品。这个论点的一个很重要的论据就是移动浏览器的使用情况：

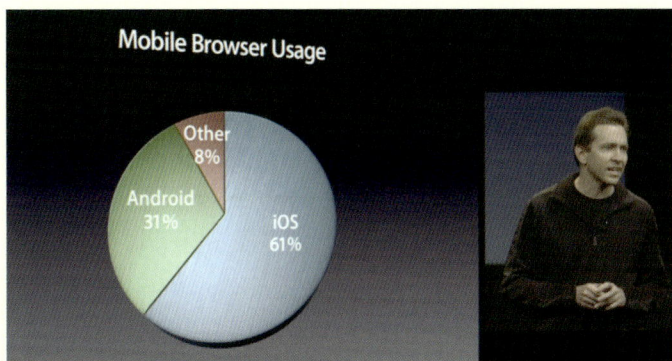

结合两张图，我们能看出来，iOS的市场份额只有43%，但是移动流量却占据了61%的市场份额。这足够说明iOS设备被用得比较多。而Android相对少，RIM基本就没有拿来上网了。

3年间，用户已经下载了180亿次的App。

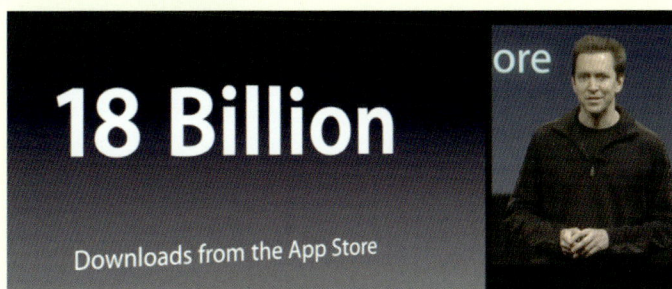

Apple也已经向开发者支付了30亿美元的佣金。

Scott接下来演示了Apple的一个新应用叫做"Cards"，可以帮助大家制作和打印祝福卡。他演示的时候，一行图片排成一排慢慢移动，我们来学习制作这个效果。

效果4：一排移动的图片

【时间：23：27】

❶ 首先在界面中放置4张图片，如下图所示。

❷ 需要这4张图片首尾相连地移动。所以，先将整个界面缩放，这样才能够有更大的空间进行操作。在左上角的"缩放"处选择"25%"，如下图所示。

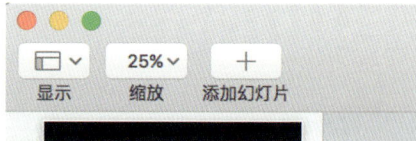

目前界面如下图所示。

❸ 现在的操作空间变大了对吧？似乎还不够大，单击右侧的"格式"按钮，将右侧的工具栏也关闭，关闭后，可以使用所有的右侧空间了。

❹ 下面把所有的照片移动到视野的右侧。请注意，只有中间的蓝色背景区域才是用户可以看到的区域，周边的灰色区域都是舞台的背景，如下图所示。

❺ 有的读者可能会问如何在窗口的右侧码放这么多的图片？因为窗口已经不能再变大了。其实，Keynote 的窗口可以变得很大，只要不断拖曳窗口右侧的手柄就可以了，如下图所示。

❻ 码放完成后，选中四张猫咪的图片，右击，选择"成组"命令，将它们组合成一个整体。然后选中这个组合，在右侧选择"动画效果"→"动作"→"添加效果"→"移到"命令。这个效果可以把一个物体沿直线移

动到另外一个地点。选择这个效果后，界面中会出现一条红线，红线的左侧，是物体当前位置的中心，红线的右侧，是移动后物体的中心，如下图所示。

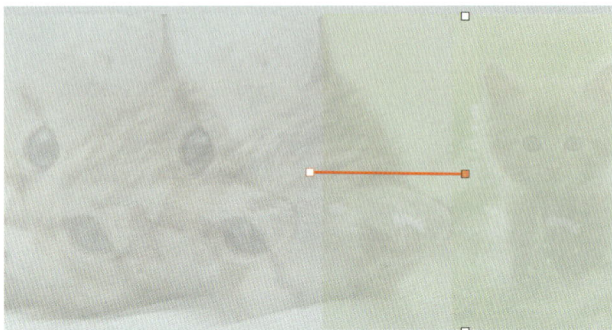

❼ 所以，如果希望物体向左移动，那么就按住线段的右侧，将它向左侧拖曳，如下图所示。

❽ 继续拖曳，直到视野的左侧，如下图所示。

❾ 继续，直到移动结束后，四张图片都能够移动到视野的左侧，如下图所示。

　　然后，松开鼠标，开始位置和结束位置就已经设定好了。

❿ 将持续时间修改为15秒。也就是在15秒内，四张图片从屏幕右侧进入，直到从屏幕左侧移出。

　　完成后播放幻灯片，与我们想要的效果一致。

【视频】大家都知道，iPhone上从屏幕上方向下滑动手指，就会有通知中心出现。Scott在Keynote里面演示了这个滑动的效果，我们来学习一下。

效果5：通知中心的滑动效果

【时间：25：36】

❶ 简单起见，用iPhone 6s来制作本节的效果。原因在于已经很难找到iPhone 4s的高清图片。可以在Apple官网 http://www.apple.com/pr/products/iphone/iPhone.html 下载到iPhone 6s的图片，然后把它放置在Keynote中，去除左侧的背面部分和背景，现在看起来是这样的：

❷ 然后找到一张iPhone 6s通知中心的图片，也放置在视野中。目前看起来是这样的：

这里要做的，就是在切换幻灯片的时候，让右侧的通知中心图片从iPhone的顶部滑动下来，出现在视野中。从上一节中知道，移动一个图片很简单，使用一个"移动"的动画效果就好了，所以先添加这个效果。

❸ 将通知中心的图片移动到iPhone 6s上方，如下图所示。

❹ 选中它，选择"动画效果"→"动作"→"添加效果"→"移到"命令，然后将移动的目的地放置在iPhone 6s屏幕的中间，如下图所示。

这样播放幻灯片后，信息中心就能从屏幕上方移动下来，到达屏幕的中央。但是有个很重要的问题就是，信息中心在进入屏幕前就已经被用户看到了，接下来，要用一个巧妙的方式来解决这个问题。

❺ 先将通知中心的图片移动开，如下图所示。

❻ 然后把iPhone上方的如下区域进行屏幕截图。注意，这个区域一定要是屏幕上方的部分。

❼ 截图后，得到如下图所示区域。

❽ 然后把这个截出的区域放置在原先的位置上，跟原来截图的位置完全重合，如下图所示。

❾ 看起来仍然是完整的iPhone对吧？但是头部已经是"双重"了，选中上方的复制出来的部分，如下

图所示。

❿ 右击，选择"移到最前面"。接下来，再把通知中心的图片移动到原来的位置，如下图所示。

　　如上图所示，因为有了额外的一层，所以通知中心被覆盖住了。剩下没有覆盖的部分在视野的外部，所以用户是看不到的。这个时候再播放幻灯片，就可以看到通知中心从iPhone屏幕的顶端滑了下来。

⓫ 最后为通知中心图片添加一个移出的效果。当播放幻灯片的时候，单击一下，通知中心滑动下来，再单击一下，通知中心就滑动上去。

　　为此，单击选中通知中心的图片，然后在右侧的动作区域，可以看到如下的内容。

⓬ 单击"添加动作"→"移到"命令，这个时候会发现，在上一个"移到"终点位置的图片上，又添加了一个新的移动路径，也就是说刚才的"移到"动作让信息中心从"位置1"移动到了"位置2"，现在可以控制它从"位置2"再移动到"位置3"。但是其实是希望信息中心回到"位置1"，所以拖动出现在视野中的新的一个半透明的矩形，将它拖回到"位置1"，如下图所示。

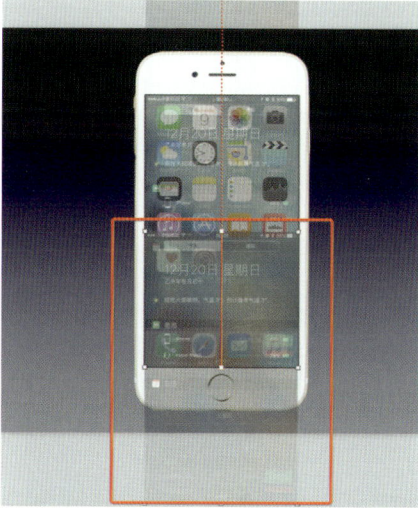

⓭ 拖回到"位置1"，如下图所示。

　　到此全部完成。播放后，就可以看到通知中心按照我们的设想滑下和滑上了。

【视频】Scott着重介绍了iOS 5的10个功能：

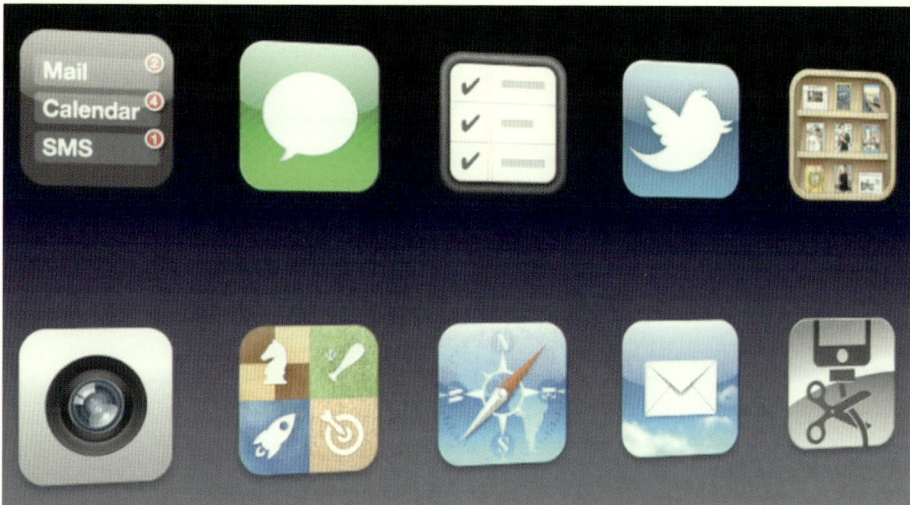

　　分别是Notification、iMessage、Notice、Twitter支持、杂志，更好的拍照和照片功能、Game Center、

支持标签的Safari、邮件支持富文本编辑和无需电脑就可以设置iPhone的功能。

接下来由Eddie Cue介绍iCloud。大家可以看出Apple高管在后乔布斯时代的一个分工：Tim负责整体的公司介绍，零售店部分；Scott负责iOS软件的介绍；Eddie Cue负责后端的这些跨平台的软件服务，比如iCloud。

Eddie首先展示了我们的照片是如何在iPhone、iPad和Mac直接无缝地传输和同步的。他用了一个很形象的图。我们来学习这个互动图的制作方式。

效果6：iCloud的同步效果

【时间：34：30】

这张图表现的是iCloud的同步效果。当用手机拍摄一张照片后，iPhone会通过iCloud的服务，将这张照片同步到云中，然后从云中又同步到你的iPad和Mac上去。所以，你一旦通过手机拍照，照片就自动出现在你的所有设备上了。

❶ 在开始之前，先放置三个设备在Keynote中，如下图所示。

❷ 然后要添加一个云。云怎么添加呢？形状里面可没有云。这里又可以用到一个技巧。

首先添加一个文本部件到界面中，然后双击它准备输入文字。接下来单击"编辑"→"表情与符号"命令，在打开的窗口中，选择"象形文字"，打开如下图所示的内容。

❸ 很幸运地找到了一朵云。单击它，会在窗口的右下角看到它的字体变体，如下图所示。

❹ 双击第二个图标，这个云就被添加了进来，然后关闭表情与符号窗口。添加进来的云，其实是个文字，所以不能通过拖曳的方式改变它的大小，只能通过修改字体大小来改变大小。选中它，在右侧的格式区域修改为400磅。完成后如下图所示。

5 然后找一张用iPhone 6s拍摄的照片，把它覆盖在iPhone 6s的屏幕上面，变成如下图所示的样子。

6 按照Eddie的演示，这张照片会被移动到云中，但是这个照片同时还要存在于iPhone上面，所以复制/粘贴一张新的小姑娘的照片，并且把它放置在同样的位置上，然后选中这个照片，在屏幕右侧选择"动画效果"→"动作"→"添加效果"→"移到"命令，如下图所示。

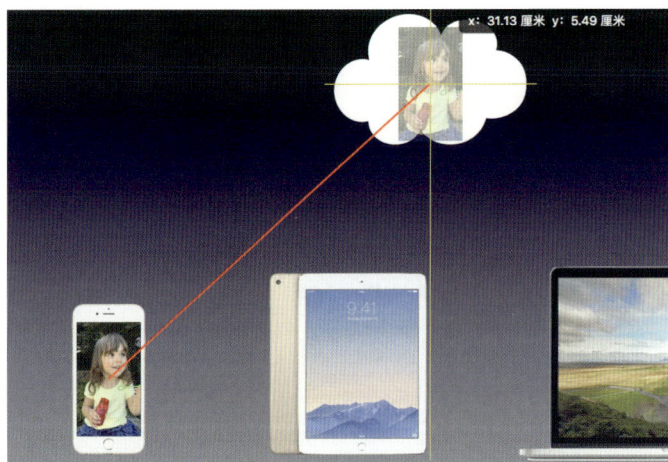

7 然后把目的图片拖曳到云里，松开鼠标。这样，当播放的时候，这个图片就会从iPhone的位置移动到云的位置。

第二个步骤是这个图片从云里面移动到iPad和Mac上面。所以，要将在云里的图片再复制两张出来，一张移动到iPad、一张到Mac。那么怎么让复制后的图片与上图中那个半透明的图片在同一个位置呢？只要选中这个半透明的图片，然后在右侧的"格式"→"位置"部分就能够看到它的坐标了，如下图所示。

❽ 然后将刚复制出来的图片的坐标设置为相同的值，就能够把它们放在一起了。然后为这个新添加的图片设置移动，如下图所示。

❾ 注意可以选中半透明的图片，然后拖曳它四周的手柄，改变它的大小。这样图片就会在移动过程中，自然地慢慢改变大小。同样的，再复制一张图片，让它移动到Mac去，如下图所示。

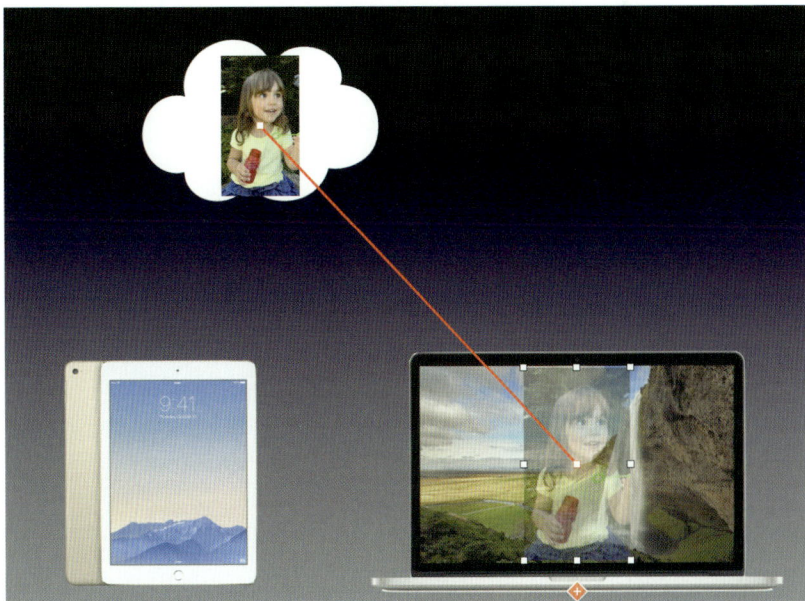

❿ 保持这个图片的选中状态，在右侧单击"动画效果"→"动作"下面的"构件顺序"按钮，出现如下图所示的对话框。

⓫ 可以看到左侧有5个数字，分别标明了部件的顺序。"1"就是第一个动作，只要将图片从iPhone移动到云里即可。"2"和"3"是将图片从云移动到iPad，"4"和"5"是将图片从云移动到Mac。这里需要的效果是："云移动到iPad"和"云移动到Mac"是同步进行的。为此，选中"4"，然后在下方的"起始"选择"与构件2一起"。这样，"4"就跟"2"一起了，如下图所示。

完成后如下图所示。

⓬ 这样解决了移动的问题，但是又有了新的问题：即使在照片还没有从iPhone移动到云中的时候，云中已经有照片了，这怎么可以呢，如下图所示。

⓭ 所以，要将"2"和"4"隐藏起来。为了隐藏它们，这里要为它们添加一个动画。这个动画在照片从iPhone移动到云中后，才将"2"和"4"显实出来。为此，先选中"2"，然后在右侧选择"动画效果"→"构件出现"→"添加效果"→"出现"命令，然后同样的为"4"添加一样的出现动画。如果"4"的出现动画没有出现在"2"的后面，可以用鼠标按住它，将它移动到"2"的后面，如下图所示。

完成后如下图所示。

需要新的"2"跟"3"在"1"完成后就出现，为此，选中"2"，然后在起始处选择"在构件1之后"。再选中"6"，在起始处选择"与构件4一起"。现在再播放，发现效果已经很逼真了。

⓮ 最后一个问题，就是图片到达iPad和Mac后，iPad和Mac的桌面背景已经变成黑色，而不是原来的默认桌面图片。所以，需要添加两个黑色矩形作为iPad和Mac的背景，并且在图片到达iPad和Mac后让他们出现。为此，先添加两个黑色矩形如下图所示。

⓯ 选中iPad上面这个矩形，在右侧选择"动画效果"→"构件出现"→"添加效果"→"出现"命令，然后用同样的方式处理Mac上的黑色矩形，在右侧打开"构件顺序"，出现如下图所示的窗口。

	构件顺序	
1	pasted-image.png	移到
2	pasted-image.png	出现
3	pasted-image.png	出现
4	pasted-image.png	移到
5	pasted-image.png	放大
6	pasted-image.png	移到
7	pasted-image.png	放大
8	形状	出现
9	形状	出现

起始　　　　　　　　　延迟

预览 ▶

⓰ 这里发现出现了两个新的"形状"。选中"8"，在"起始"处选择"与构件4一起"，选择"9"，再选择"与构件4一起"，然后，在播放前，要选中两个在云中的两个图片，右键选择它们，选择"移到最前面"。这样是为了保证在照片移动到两个黑色矩形位置的时候，能够出现在矩形的上方而不是被黑色矩形覆盖，完成后如下图所示。

	构件顺序	
1	pasted-image.png	移到
2	pasted-image.png	出现
3	pasted-image.png	出现
4	pasted-image.png	移到
5	pasted-image.png	放大
6	pasted-image.png	移到
7	pasted-image.png	放大
8	形状	出现
9	形状	出现

起始　　　　　　　　　延迟

预览 ▶

【视频】iCloud可以让我们在一台设备购买的音乐自动同步到其他设备上，无需再次购买。只需下载就可以了，iCloud也可以让你在一台设备上拍摄的照片自动同步到其他设备上。说到这里想起一个很有意思的插曲：有人购买了另外一个人丢的iPhone，然后就开始用它拍照……然后他的照片就被自动同步到失主的电脑上，后来两个人好像还成为了朋友。所以，iCloud的功能非常强大，但是使用的时候要小心，你的照片可能会被同步到很多设备上然后被其他不相关的人看到。你在某个设备上创建的文档，例如Keynote、Pages和Numbers，也会被自动同步到其他设备上。

最棒的是，你的APP、你的书、你的iPhone上的重要数据、联系人、日历也会被备份到iCloud上，并且进行必要的同步。比如你在Mac上面建立了一个会议，你的iPhone在会议快要召开的时候就会提醒你。

笔者用的最多的基于iCloud同步的应用，就是Mail了。一旦建立邮件账户，你就可以在iPhone上查看邮件，然后切换到Mac上继续工作和发送邮件，然后再到iPad，你会发现你的邮件全都是同步的，完全无缝连接。

如下是所有支持iCloud的Apple应用。

效果7：原地解散

【时间：43：41】

看完Eddie演示所有支持iCloud的应用后，Eddie一点控制器，所有的应用都飞出了屏幕。我们来看看这个效果如何制作。

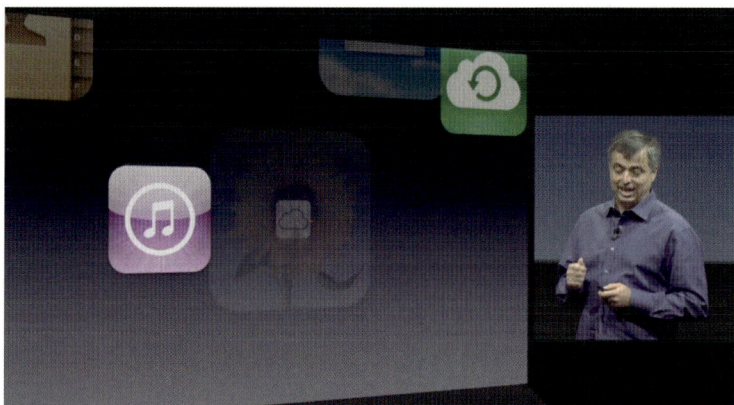

先看单独的一个App的图标是如何行动的。比如这个iTunes，发现它是向左移动，在移动的过程中逐渐变大、逐渐消失。所以总结一下整个步骤：

移动→变大→消失

这里可以很快判定出没有一个单独的"构件消失"动画效果可以满足这个需求，所以需要一个组合，也就是让若干个动画同时发生来达到最终的效果。那么第一个动画效果肯定是"移动"，为此，为了简化操作，使用纯色的矩形来模拟APP图标的行为。

❶ 首先拖曳一个绿色的矩形到界面中，如下图所示。

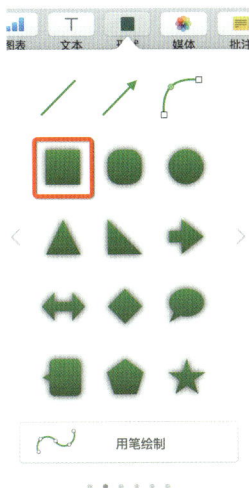

❷ 把它移动到页面中部的左侧，选中它，然后选择"动画效果"→"动作"→"添加效果"→"移到"命令，就会看到如下图所示的界面。

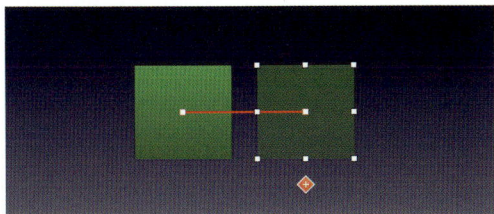

❸ 半透明的矩形就是未来要移动到的位置，选中它，将它拖曳到屏幕的左侧，因为希望这个绿色的矩形向屏幕左侧移动然后消失，如下图所示。

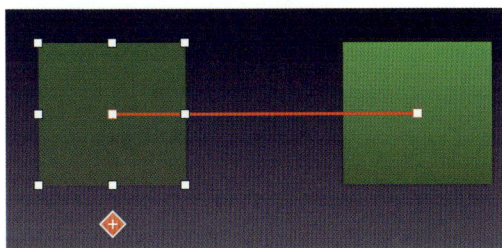

❹ 保证半透明矩形被选中的状态下，单击下面的红色菱形加号，在弹出的菜单中，选择"放大"命令，因为希望矩形在移动的过程中逐渐变大，如下图所示。

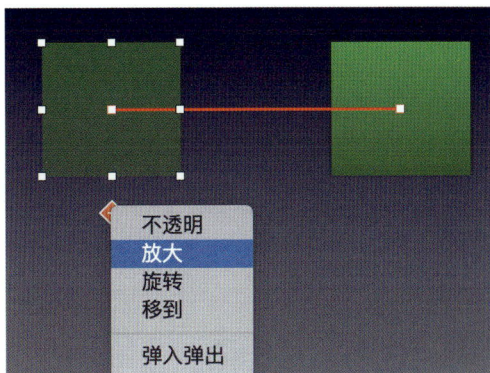

❺ 这个时候会看到在半透明矩形的外面又多了另外一个半透明的矩形，拖曳它，把这个新的半透明矩形变大，如下图所示。

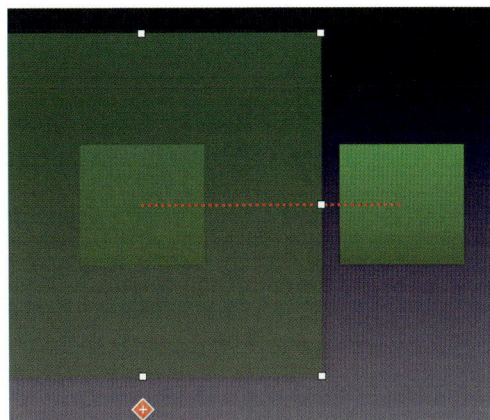

【提示】现在可以播放一下Keynote，你就会看到原来的矩形会先移动到左侧，再次单击后才会变大，而不是需要的边移动边变大，这里先不处理这个问题。

❻ 再次单击这个红色的菱形加号，选择"不透明"命令。

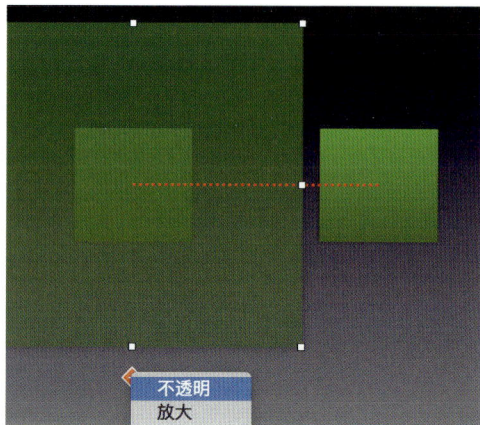

❼ 这个时候其实也是有一个新的矩形出现的，只是不明显。在右侧可以看到"不透明"的设置，下面有一个滑竿，把滑竿调整到最左侧，也就是让最终的矩形完全不透明，如下图所示。

❽ 完成后，单击右侧的"构件顺序"按钮，出现构件顺序对话框如下图所示。

❾ 可以看到刚才添加的三个动画："移到""放大"和"不透明"都在里面了。然后需要让"放大"和"不透明"与"移动"同时发生，所以分别选中"放大"和"不透明"，然后选择"起始"→"与构件1一起"命令，完成后如下图所示。

单击播放Keynote，就会发现绿色矩形向左侧移动后，变大消失了。

❿ 效果成功后，需要复制绿色矩形，然后改变它们的颜色，放置在屏幕各处即可。同时，要改变每个矩形的移动方向，这样才有"解散"的效果，完成后如下图所示。

⓫ 让所有的动画都与"构件1"一起发生，如下图所示。

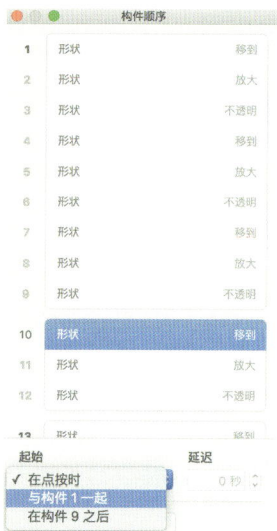

⓬ 当然，也可以改变动画的持续时间来创造更加"随机"的消失效果，如下图所示。

持续时间

1.50 秒

全部完成后我们播放Keynote，就会看到所有的矩形分别向不同方向移动，然后变大消失。

【视频】在Eddie Cue之后，Phil Schiller登场了。大家都知道，除了乔布斯外，他是发布新品数量最多的高管。他上场之后，从iPod开始谈起。

没有Apple Watch之前，大家都是这么跑步的：

iPod可以把你的跑步里程数和步数同步到iTunes。

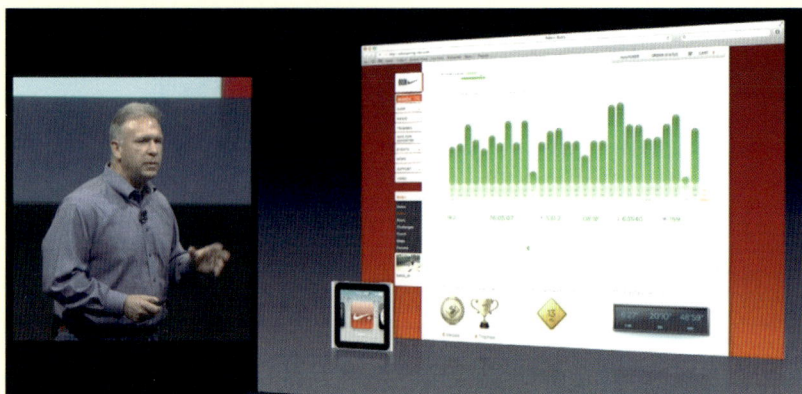

在Apple Watch之前，iPod真的就是运动神器哦。

第三方的配件厂商生产了可以用于iPod nano的表带：

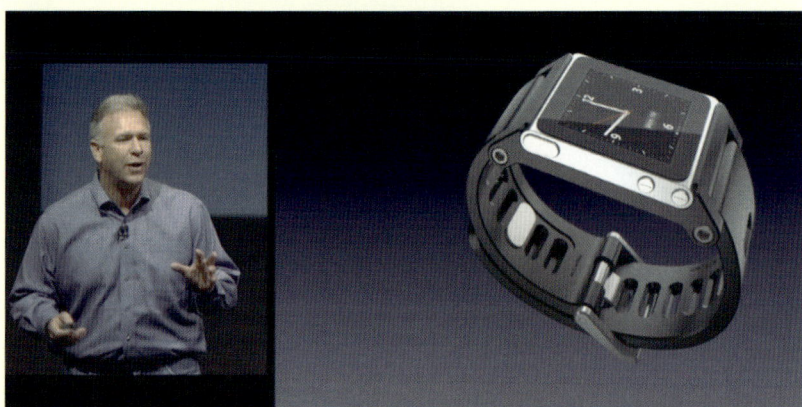

这可以看做是第0代的Apple Watch吧，所以其实Apple早就有了不少可穿戴设备的经验了。
熟悉么？

下面是Apple Watch的表盘：

更新后的所有的iPod的产品线：

接下来就是iPhone！

iPhone 4S来了：

这里Phil对"S"使用了一个动画效果，这个动画效果可以使用"动画效果"→"构件出现"→"闪亮"实现。

虽然现场掌声稀疏，但是现在大家都知道了iPhone 4s是多么成功。当年在北京的三里屯Apple零售店的盛况，所有人都记忆犹新：

当年Apple零售店几乎是唯一一发售iPhone 4s的地方，所以人山人海。后来，虽然Apple的iPhone销售又持续创新高，但是因为发售渠道多了起来，所以再也没有看到这么多人排队的盛况了。

Phil接下来介绍iPhone 4s的一些新的特点。

第一个是A5芯片（s系列都是要更换更快的芯片）。

A5芯片渲染出来的Infinite Blade 2，画面超级精美！

第二个是无线和天线系统，2倍的下载速度。

第三个是摄像头。我们来看看从Flickr上的图片来看，它们都是什么设备上传的：

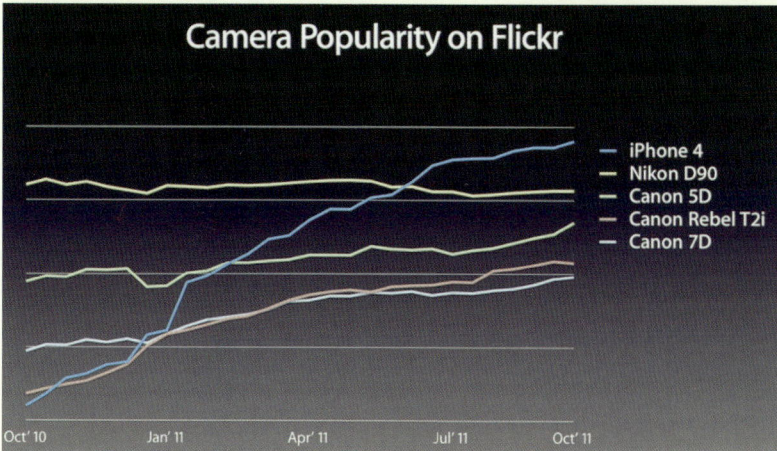

我们下面来学习如何制作这个折线图。

效果8：折线图

【时间：1：01：56】

❶ 首先添加一个二维的折线图到界面中，如下图所示。

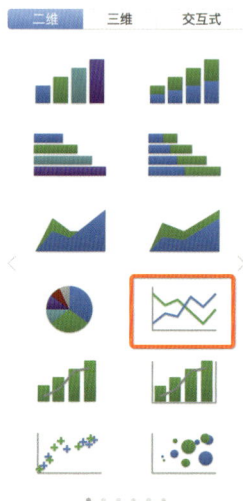

❷ 单击编辑图表数据，输入如下图所示的值。

					Jul'11					Oct'11	
iPhone 4	31	36	42	45	40	43	44	46	50	55	54
Nikon D90	32	33	34	34	35	32	35	32	31	30	30
Canon 5D	24	23	24	26	26	25	27	27	28	24	24
Canon Rebel T2i	12	13	11	14	15	15	17	18	18	16	19
Canon 7D	16	17	19	14	18	19	16	12	19	18	20

这只是一部分，请参考Keynote附件获得所有的数值。现在折线图如下图所示。

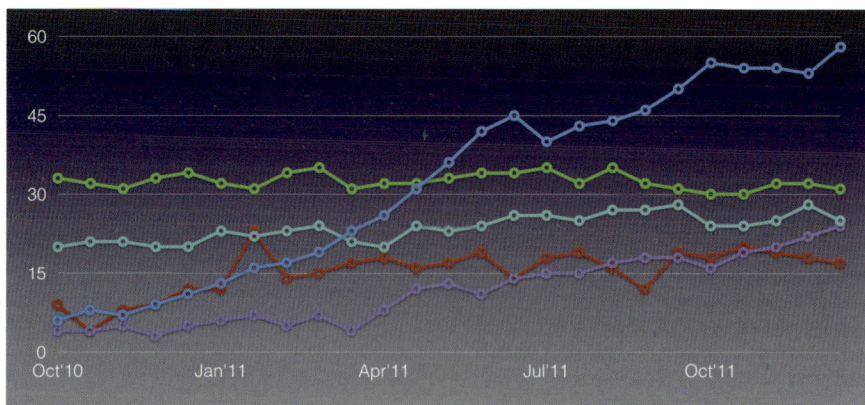

❸ 首先不希望所有的数据都有那个小圆点。为此，选中整个图表，选择右侧的"格式"→"序列"命令，然后将数据符号选择为"无"，如下图所示。

④ 保持图表是选中的状态，在右侧选择"格式"→"坐标轴"→"值（Y）命令"，然后在数值标签处选择"无"。在"坐标轴标度"的"等份"处选择"4"，完成后如下图所示。

⑤ 可以选中某一条线，然后更改它的颜色，如下图所示。

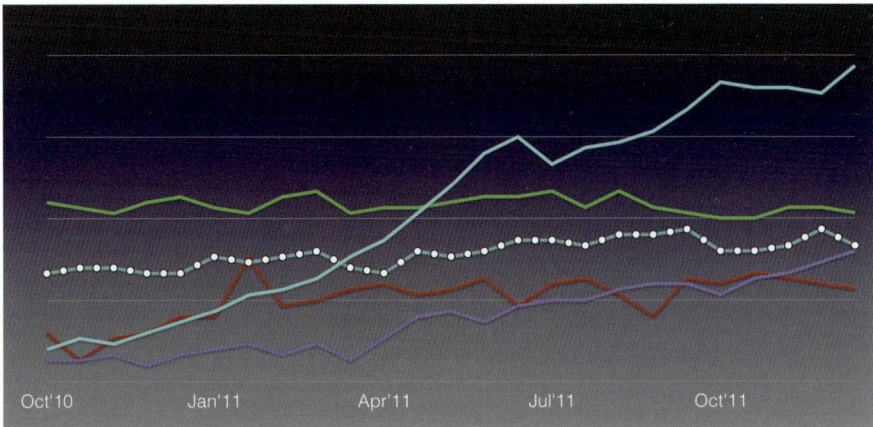

⑥ 最后选中整个图表，在右侧选择"格式"→"图表"命令，然后勾选"图例"。这个时候就会看到图表上出现了如下图所示的图例。

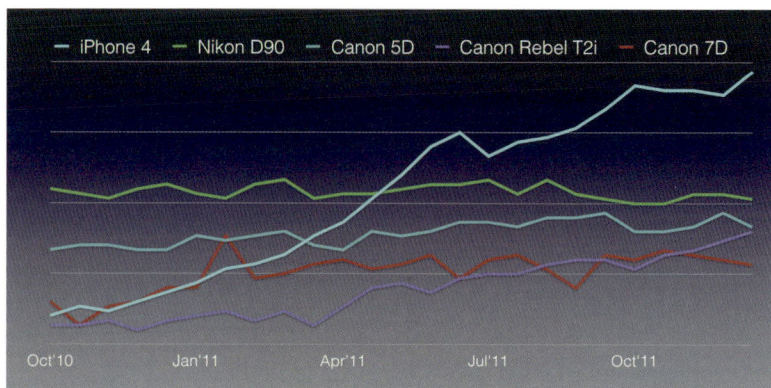

❼ 选中图例，将它们拖动并且排列在图表的右侧，如下图所示。

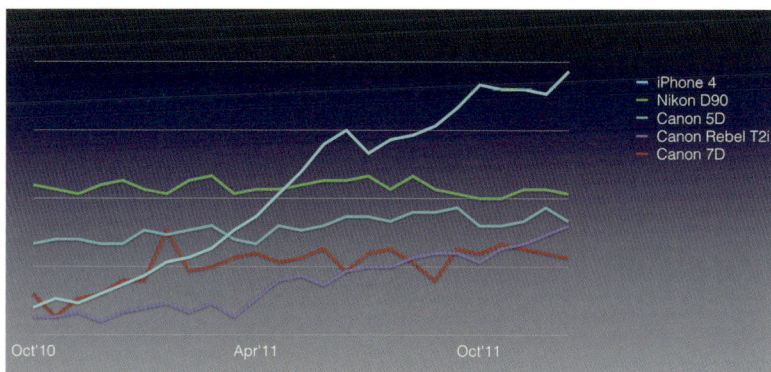

这个时候发现X轴的显示不太对了，只有三个日期显示了出来，怎么办呢？还是选中整个图表，在右侧选择"格式"→"坐标轴"→"类别（X）"命令，然后在下面的"类别"标签处，选择"自定类别间隔"，将每个间隔显示的值修改为"5"，这样，原来的5个标签都显示出来了。

❽ 最后，为图表添加上标题（使用单独添加文本部件的方式即可）。大功告成，如下图所示。

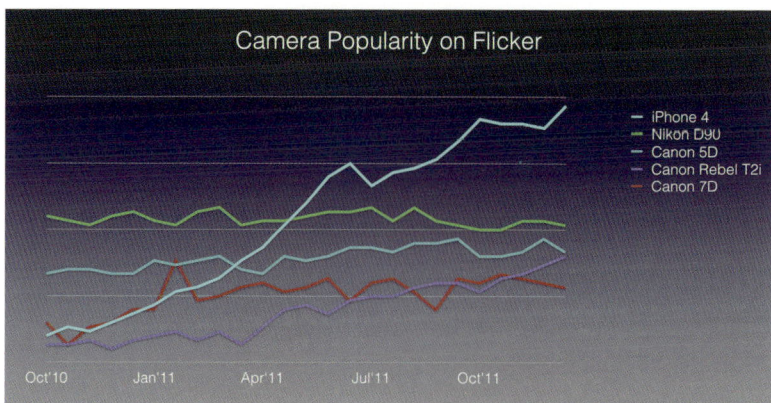

在演示中，还有如下图所示这张图表。

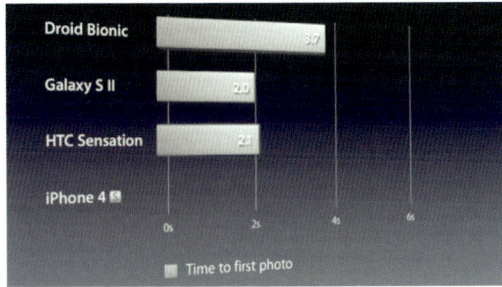

❶ 这是一个水平的柱形图。为此添加如下图所示的图表到界面中。

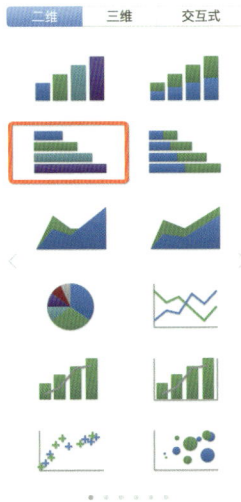

❷ 在"编辑数据"部分，删除"区域2"，为"区域1"输入如下图所示的值。

		Droid Bionic	Galaxy S II	HTC Sensation	iPhone 4s
■	区域 1	3.7	2	2.1	1.1

现在图表看起来如下图所示。

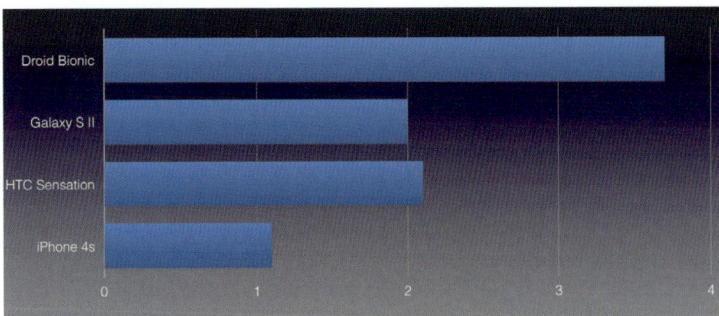

❸ 双击蓝色的柱形，选中它们后，在右侧选择"格式"→"样式"命令，然后在"填充"里面选择"渐变填充"，选择两个不同颜色的灰色，将"角度"设置为"0度"。

选中整个图表，在右侧的"格式"→"坐标轴"→"值（X）"处，选择"坐标轴标度"，然后将"最大值"设置为"6"，"等份"处修改为"3"，在下面的"后缀"处，输入"s"。

选择"格式"→"坐标轴"→"类别（Y）"命令，取消"轴线"前面的复选框，不显示左侧坐标轴。

接下来，选中整个图表，在右侧选择"格式"→"序列"命令，在"数值"标签处选择"数字"。这个时候会发现图表中显示了X值，如下图所示。

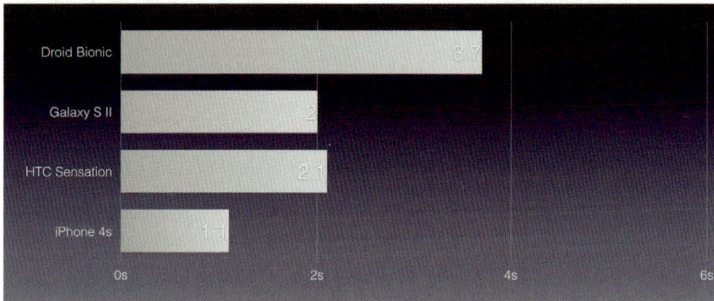

❹ 双击"3.7"，可以选中所有的X值，然后在右侧修改它们的字体和颜色，完成后如下图所示：

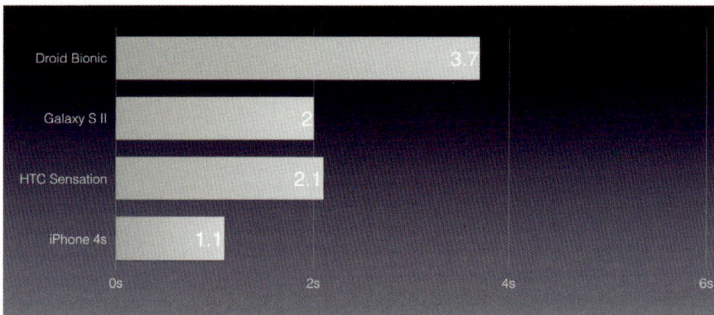

【提示】但是，Apple在这里使用的，可能不是一个图表，而是一个由文本、直线和矩形组合而成的类似图表的结构。为什么这样做呢？因为这样可以控制得更加精细，比如让iPhone 4s的值最后一个出现。在这里就不赘述制作方法了，在本节的Keynote源文件中，大家可以看到这种方式制作的图表。

【视频】Phil展现了一张松鼠的照片，是用iPhone 4s拍摄的：

　　Phil说你们知道让一只松鼠保持不动给它拍照是多难的事情么？全场大笑。

　　第四个是视频录制。iPhone 4s支持1080p的高清视频录制。Phil说iPhone对很多人来说是他们最好的拍照设备，也是他们最好的视频设备，他们去哪里都带着iPhone。

　　第五个是AirPlay。因为AppleTV没有在中国开售，所以很多用户可能不熟悉AirPlay。AirPlay能让iPhone和iPad上的视频在电视机上播放。

　　事实上不仅仅是视频，图片和音乐也可以。比如你可以买一个支持AirPlay的音箱，然后无需任何连接线，就可以将iPhone上的音乐在这个音箱上播放。

　　还有一个，就是语音控制：

　　这个不是简单的语音控制，仅仅像"打电话给志强"这样的简单的语言，而是真正的对设备说话：

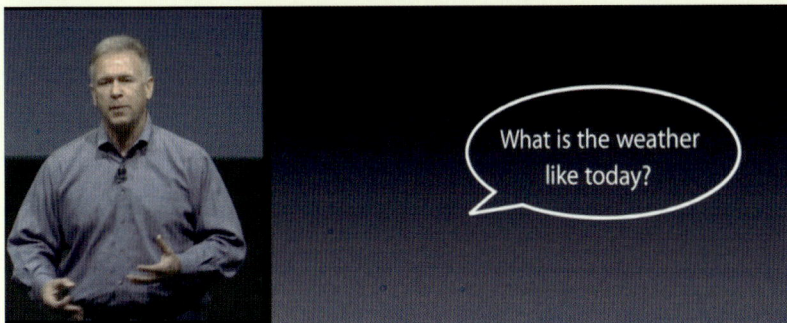

于是Siri闪亮登场：

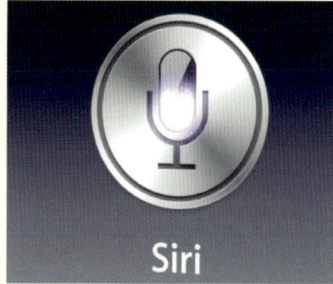

不要忘了，这次发布会的邀请函可是"Let's talk iPhone"：

Let's talk iPhone.

所以Siri是最重磅的软件/功能升级。

Scott重新上台，演示Siri的功能。当Scott问"今天天气如何时？"，Siri做出了完美的回答：

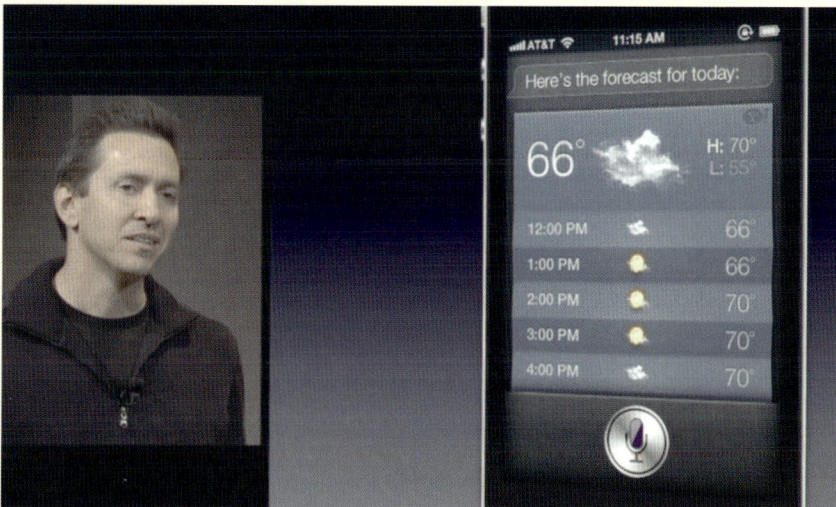

你可以用Siri问天气、设定闹钟、问时间、找餐馆、问股票、读短信、回复短信。
当Scott问Siri你是谁的时候，Siri回答"我是一个谦虚的助理！"。

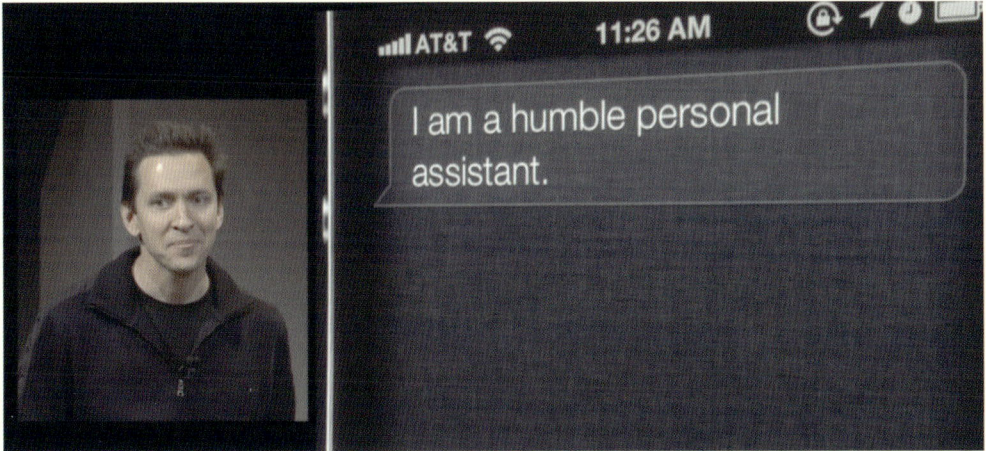

Scott结束后，Phil上台进行了总结发言。iPhone 4s的价格与iPhone 4当时上市时保持一致。

Tim Cook再次上台：只有Apple能够将硬件、软件和服务进行整合，使他们变成一种强大而又简单的体验。请大家再次记住这句话。这句话如同它所描述的内容一样，有力而简单地阐述了Apple的逻辑。

【总结】

这是乔布斯离去的一年。在发布会的第一排，我注意到有一张写着Reserved的座位：

大家可以在它旁边看到所有的Apple高管。这是否是为乔布斯留的呢？我们不得而知。乔布斯在发布会几天后离开了。遗憾是所有人的。死不是生的对立面，而是作为生的一部分永存。

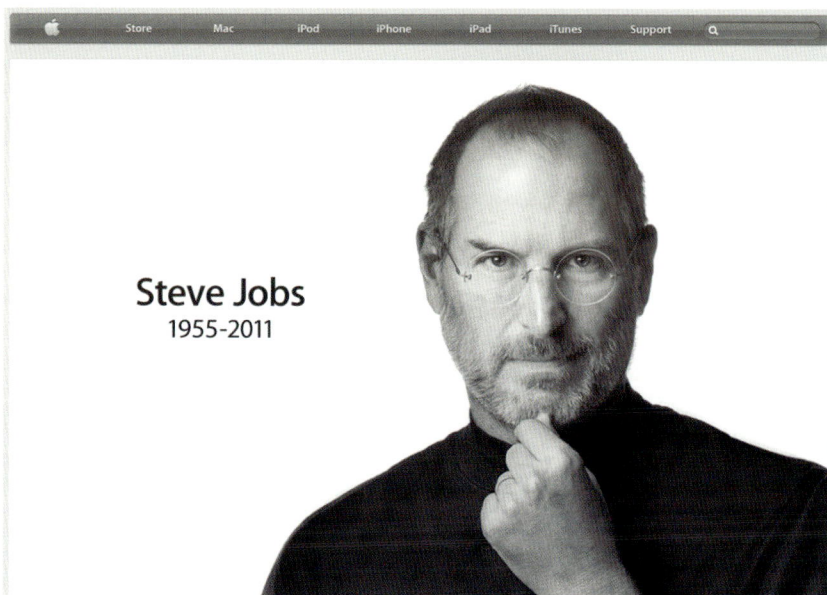

Chapter 6

2012 年iPhone 5 发布会

扫码看视频

2012年又是以Tim Cook标志似的"thank you，thank you"开场。

Tim以Retail Store的介绍开场：

大家应该不会忘记，2011年他是这样开场的：

接下来，自然就是一个介绍视频，开门前Apple员工大声倒计时，场面极其热烈：

每次看到这么多人很有激情地做一件事情，总是让我非常感动：

有时候无需创意，最本真的热爱最能打动人。

然后Tim跟去年一样，开始介绍Mac。Mountain Lion，OS X的第九个版本，获得了巨大的成功：

"Once again, OS X takes the prize as the world's best consumer operating system."

PC Magazine

　　OS X是世界上最好的操作系统。还有不得不提的就是Apple的第一款搭配Retina视网膜屏幕的Mac，这个改变是划时代的，跟当年iPhone 4引领手机高清屏幕一样，从此开始，所有的电脑也开始了高清屏幕的时代：

　　Tim非常骄傲地宣布，在过去的三个月，Apple笔记本在美国市场占有率第一：

　　这也是划时代的。意味着Apple的MacBook第一次超过了PC系，成为市场份额的第一。
　　其实在过去6年，Mac的增长速度一直超过PC。也许大家都在注意iPhone和iPad，但是Mac已经在悄悄追赶。无论移动互联网多么火爆，笔记本电脑仍然是基本的工作和娱乐的需求。如果有一天Mac真的在笔记本领域也超越了PC，那么Apple又要继续大赚了。

然后是iPad，iPad正在引领Apple所谓的"后PC时代"。

对于iPad的市场份额，远远超过了其他竞争对手：

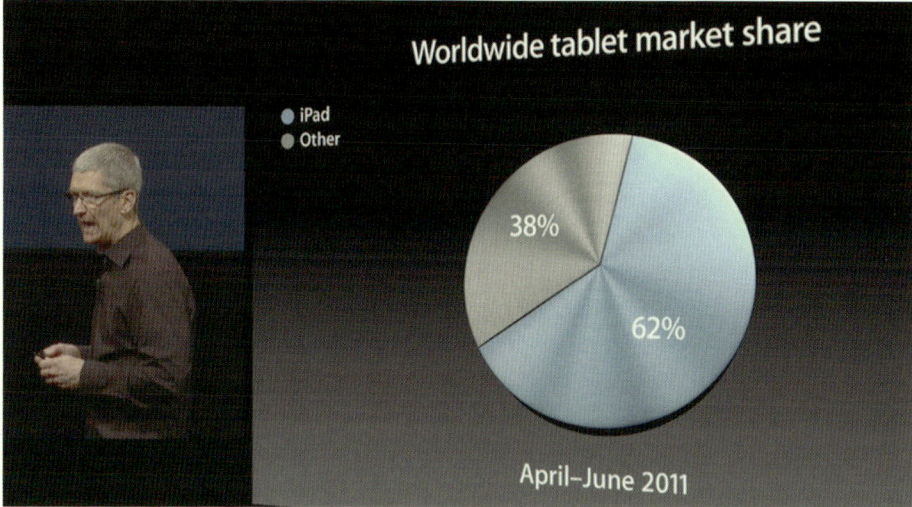

但是如果看看平板电脑的网络流量市场份额，更加惊人：

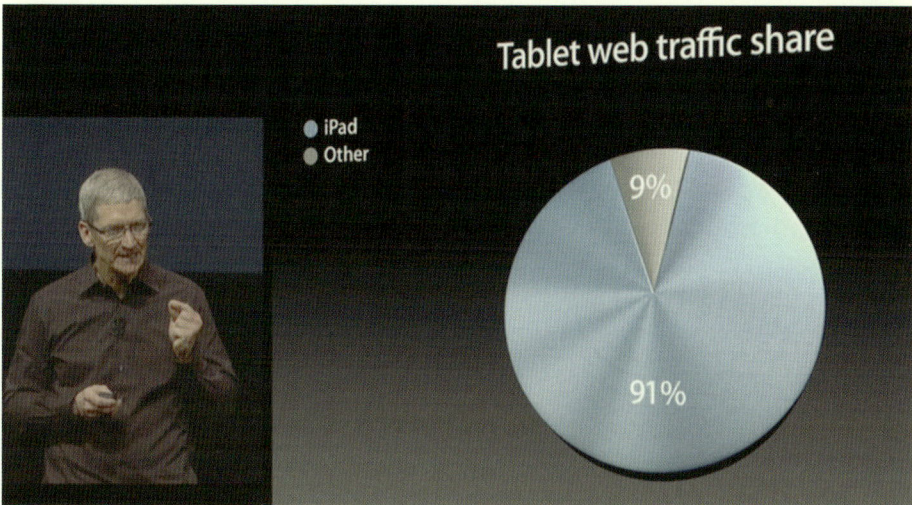

　　iPad以62%的市场份额贡献了91%的平板电脑流量。Tim说"我真不知道其他的平板电脑都在干什么……"。现场大笑。

　　接下来Tim介绍了iOS目前已经拥有了70万个APP，其中专门为iPad开发的有25万个。在切换这两个数字的时候，用了一个旋转的效果。下面我们学习如何制作这个效果。

效果1：数字旋转

【时间：10：18】

❶ 先添加一个文本到页面中，写上"700,000"和"iOS apps"。完成后如下图所示。

❷ 然后新建一张新的幻灯片，将"700,000"和"iOS apps"这两个文本复制，粘贴到新的幻灯片上，并且将文本分别修改为"250,000"和"iPad apps"。如下图所示。

❸ 选中第一张幻灯片，然后在右侧选择"动画效果"→"添加效果"→"对象翻转"命令，设置如下图所示的参数。

❹ 选择从"左边"，所以从"700,000"到"250,000"的旋转是从左边开始的，持续时间为"1.75"秒，然后把"弹跳"前面的复选框去掉，因为不想这个动画效果那么调皮。

播放幻灯片，当单击鼠标的时候，就看到"700,000"翻了个身，"250,000"出现了。

对象翻转动画会在切换幻灯片的时候，将所有当前幻灯片上的元素进行翻转消失，然后下一张幻灯片上的对象进行翻转出现。

也可以不在幻灯片切换级别上去做这个效果，而是在构件级别上去处理这个效果。为此，只要添加"700,000"和"250,000"两个文本，让重叠放置在一起。然后，为"700,000"添加一个翻转消失的效果，如下图所示。

❺ 为"250,000"添加一个翻转出现的效果，如下图所示。

❻ 打开构件顺序窗口，将"250,000"设置为与"700,000"一起发生即可。在本节的源文件中添加了这个额外的制作方式。大家可以看看。

【视频】每个用户平均下载100个以上的Apps：

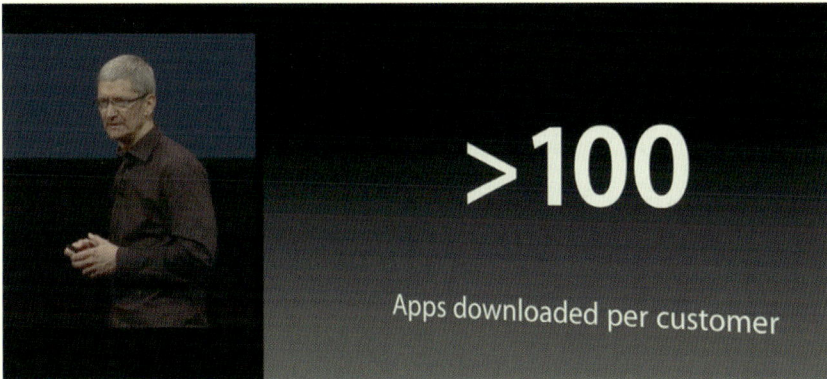

　　Tim接着说，今天我们会分享一些关于iPhone的非常让人兴奋的消息，我邀请的是……，大家猜猜是谁？

　　对了，又是Phil Schiller来介绍iPhone！

从iPhone、iPhone 3G、iPhone 3GS、iPhone 4到iPhone 4S。于是乎，iPhone 5来了：

这次Apple使用了不同的方式来"介绍"iPhone 5，让它从舞台中央"升"了起来：

没错，中间的这个小点就是！

大屏幕上终于也开始出现了iPhone 5：

大家肯定一眼都注意到了，新的iPhone变长了。

　　下面Phil开始介绍新iPhone的特点。首先，iPhone 5是世界上最薄的手机，仅有7.6毫米厚，对于Apple团队的挑战是"如何制作一个新的iPhone，它具有所有iPhone 4s的功能，而且还要更薄、更轻？"

　　接下来Phil展示了iPhone 5的屏幕尺寸为4英寸，这里使用了一个效果，我们来学习制作。

效果2：屏幕尺寸

【时间：16：11】

❶ 先找到一张iPhone 5的高清图片，放置在界面中，如下图所示。

❷ 然后放置一个矩形部件在界面中，调整它的大小，让它刚好覆盖住iPhone 5的屏幕，如下图所示。

❸ 然后选中这个蓝色矩形，为它做一些调整。首先将阴影关闭，如下图所示。

将"填充"修改为"颜色填充"，颜色修改为纯黑色，然后将"不透明度"调整为"80%"，如下图所示。

❹ 将"边框"修改为"线条"，线条的样式为点状，颜色为白色，宽度为2磅，完成后如下图所示。

❺ 接下来就需要让"4英寸"显示出来。首先添加一个箭头到界面中，如下图所示。

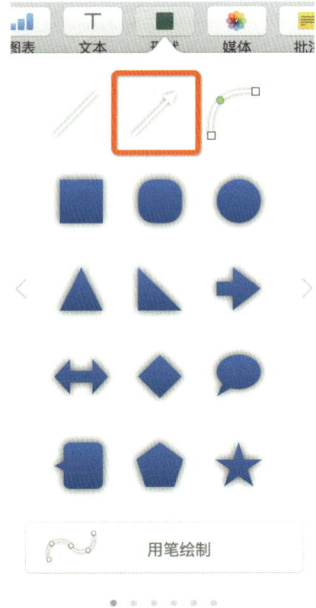

❻ 选中这个箭头，将线条的粗细设置为3磅，修改一下箭头的样式，如下图所示。

❼ 在界面中央，放置一个 "4""的文字。然后，将箭头复制一个，放置在页面下方，如下图所示。

是不是与Phil展示的一致？

❽ 然后，要为4"添加一个出现的动画。为上方的箭头，添加如下图所示的动画。

❾ 大家可以看到，对于上方的这个箭头，选择的 "划变" 是由下到上的。同理，对于下方的这个箭头，选择的 "划变" 是由上到下的。最后，要求4"、两个箭头是同时开始动画的，如下图所示。

1	4''	出现
2	线条	划变
3	线条	划变

❿ 需要这个半透明的黑色矩形也是随单击才出现的，所以为它选择一个 "渐隐渐现" 的效果，如下图所示。

⓫ 在 "构建顺序" 中，将矩形的动画拖曳到最上方，如下图所示。

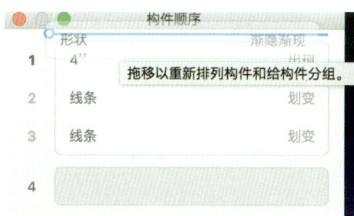

完成后如下图所示。

特效完成。

　　【视频】iPhone 5被设计为1136×640像素，与iPhone 4s相比，宽度是一样的，只是变高了。为什么这样设计呢？Phil给出了答案"因为你的手！"。在这个尺寸下，你的拇指可以轻易触碰屏幕上的任何地方：

　　我们现在知道，其实iPhone 6s用起来是很舒服的，可以单手操作，但是iPhone 6s Plus是不行的。

　　第二个iPhone 5的特点是超高速的无线网络接入。在这里我们可以看到，iPhone 5支持了最快的LTE网络。

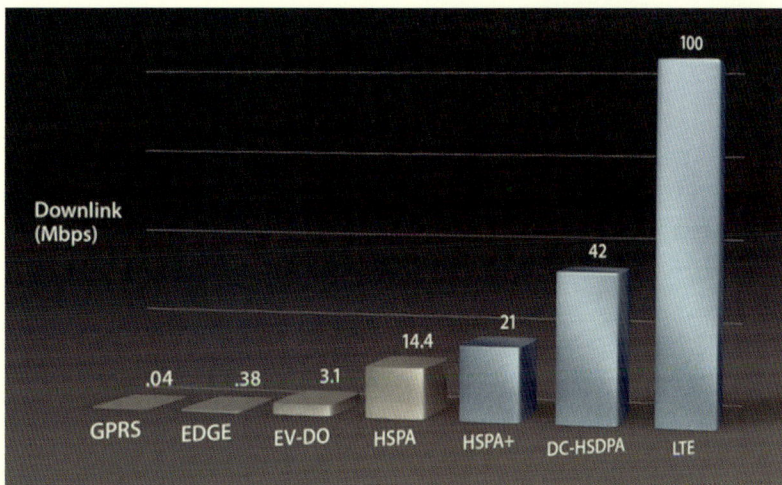

　　接下来Phil展现了一张世界地图，开始介绍Apple在世界各地的运营商合作伙伴。下面我们来学习制作这个地图的效果。

效果3：世界地图

　　【时间：22：12】

❶ 这里用一张绿色的地图来完成这个工作，该地图图片在本节的文件夹中有，将它拖曳到界面中，如下图所示。

❷ 下一步，希望整个界面移动并且将美国部分放大，这样就可以介绍美国的运营商了。怎么让一个图片放大并且聚焦到某一个区域呢？肯定是需要一个动画的。这里想到的就是"神奇移动"。为此，将当前的幻灯片复制一个，称之为"地图2"，然后选中"地图2"，将其中的地图部分不断拖曳放大。为了方便工作，可以在界面的左上角将视野显示比例设置为25%，这样能看到更大的空间，如下图所示。

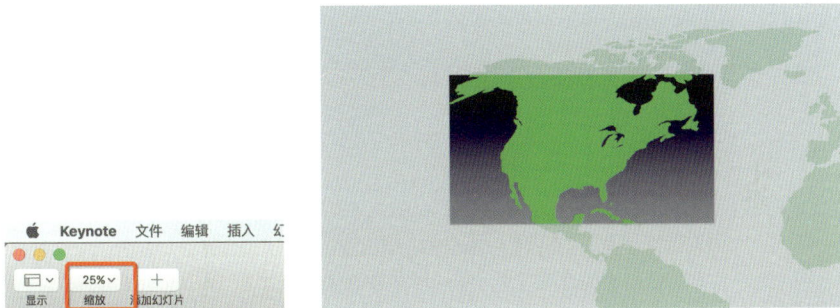

这就是放大后的"地图2"上的地图图片，大家可以看到，只有中间视野中的地图部分是可以被"观众"看到的，其他在灰色背景上的，都是在"后台"的部分。

❸ 选中"地图1"幻灯片，在右侧选择"动画效果"→"添加效果"→"神奇移动"命令，然后播放，就可以发现地图自行进行了放大，并且聚焦到了美国地区！

然后在美国添加Sprint. at&t and Verizon的文字，并且为它们添加出现的动画。添加后，我们让Sprint在过渡后（也就是地图放大和聚焦后）自动出现，然后at&t和Verizon与Sprint同时出现。

❹ 接下来复制一个"地图2"幻灯片，形成"地图3"幻灯片，然后选中"地图3"，将地图移动到亚洲部分，如下图所示。

❺ 添加如下图所示的文字。

同样的，每个文字都有一个出现的动画，并且它们都是同时发生的。

❻ 回到"地图2"幻灯片，为它添加"神奇移动"的动画。

播放幻灯片，就可以看到从一个全世界的地图，移动到了美国，然后又移动到了亚洲！

【视频】第三个iPhone 5的新功能就是A6处理器：

简单来说，就是更快，更小！

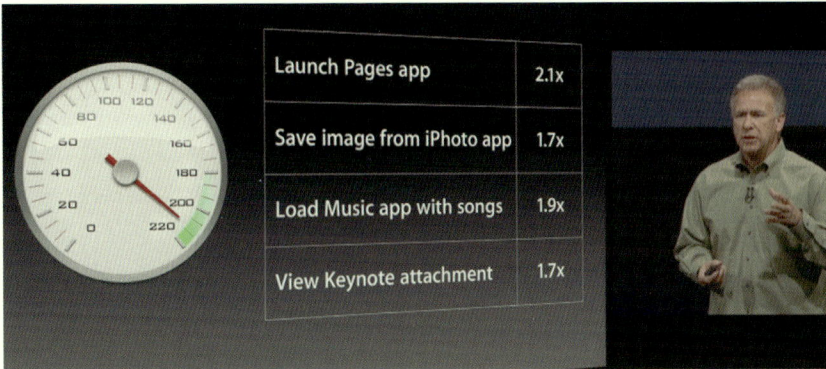

Launch Pages app	2.1x
Save image from iPhoto app	1.7x
Load Music app with songs	1.9x
View Keynote attachment	1.7x

如何能体现新品的强大呢？自然还是通过游戏啦。大家应该还记得上一年是Infinite Blade团队介绍的，今年，Apple请来了EA介绍Real Racing 3：

通过新的芯片，我们可以看到精美的赛车、光的反射等超高细节的设计元素。

接下来就是摄像头了。大家应该还记得iPhone 5相对于iPhone 4s来说，摄像头的像素并没有提升，所以大家当年是很失望的。只不过摄像头在尺寸上减少了25%。

拍出来的效果是什么样呢？按照Phil的总结：

大海更蓝了……

儿童更开心了……

世界更美了……

终于，在iPhone 5上出现了全景照片：

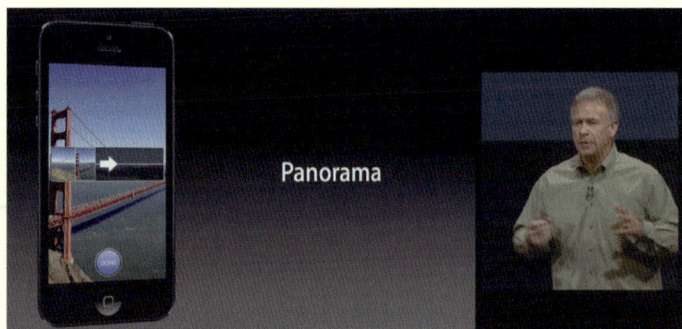

这一整张金门大桥的全景照片有28M大。

有一点可能大家并没有注意到，就是iPhone 5有了3个麦克风：

　接下来，Phil讲到iPhone的30针的连接线其实是来源于iPod，发明于2003年。自那时起，已经发生了很多的变化，所以现在是时候让它也进化了：

　新的接口叫做"lightening"。现在我们有了电脑上的Thunderbolt（霹雳接口）和iPhone上的Lightening（闪电接口）。真是霹雳雷电啊！现场大笑。

在闪电之后，要隆重介绍的就是iOS 6：

猜猜谁要出场了？Scott Forstall！

他从Apple的全新Map开始介绍：

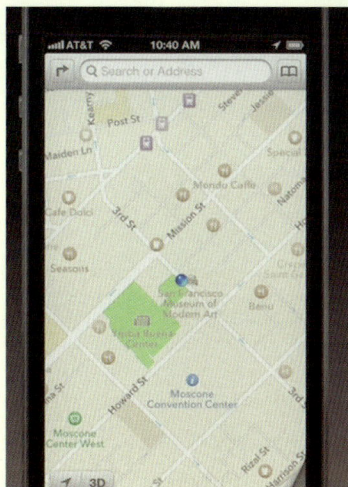

　　后来的事情大家都知道了。也许就是因为Apple Map的问题，后来Scott离开了Apple。Apple Map从一开始虽然是一个很不错的产品，但是也有很多的瑕疵。两个主要的原因导致这个事情被放大了：第一就是地图是一个很基础的应用，一旦出现问题，比如导航，就会引起用户的投诉，虽然这些投诉都是个案，但是通过媒体的放大，让用户对Apple Map产生了不信任；第二就是这可是Apple的产品，怎么能够出现这么多的负面问题呢？如今，Apple Map已经取得了长足的进步，而且在某些方面确实强于其他的地图，尤其是在导航上面，可以提供"Turn by Turn"的精确指示：

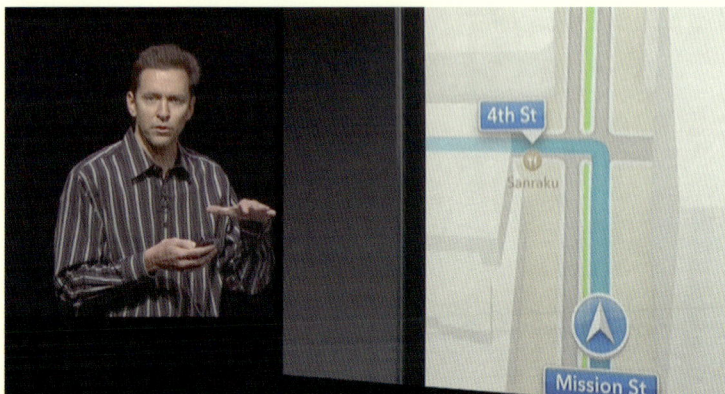

漂亮的3D街景效果：

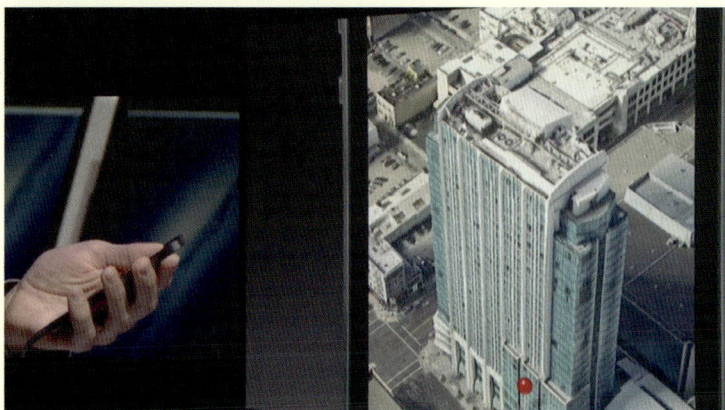

伦敦的大本钟：

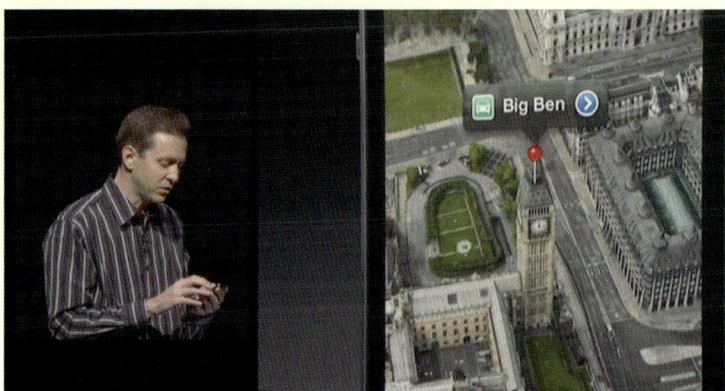

Scott接下来继续介绍新的功能：

● 可以直接从通知中心发送Twitter Message。

● Safari添加了页面全屏浏览模式，可以通过iCloud Tab在iPhone上面直接打开你在Mac上已经打开的页面。

● Mail应用添加了一个VIP的文件夹，可以将某个发件人列为VIP，然后就可以快速查看仅来自于他的信件。

● 一个全新的应用叫做PassBook。PassBook能够将你所有的优惠券、票都放置在一个地方进行管理。

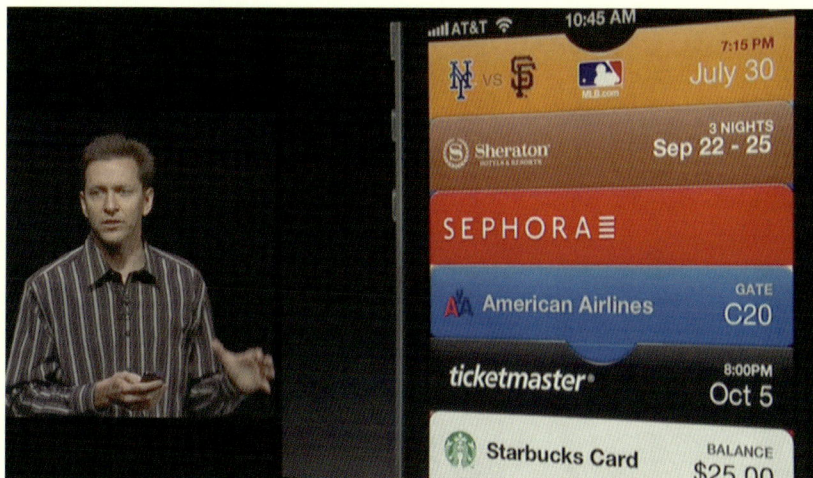

可能很多用户不熟悉这个应用。不过想象一下微信上的优惠券功能，大家可能就熟悉了。

● 可以创建共享的照片流，跟几个好友同时更新一个照片流。

● Siri现在知道比赛的比分；如果你说出应用的名称，Siri可以帮你打开应用；可以帮你找好看的电影；帮你订餐；还可以更改FaceBook状态。

然后Phil重新上台，展现新的iPhone 5视频，Jony Ive出场：

Jony Ive
Senior Vice President

他说"我们不仅仅是想做一个新的手机，我们想做一个更好的手机!"

更新后的Price Lineup：

Tim Cook重新上台，开始讲述Music：

这个，自然是Eddie Cue的角色了，所以他上台了。

他立刻展示了iTune的拓展计划。我们来学习如何制作这个效果。

效果4：更多的国家和地区

【时间：1：03：.32】

iTune Store 之前在如下国家和地区运行：

在今天，Eddie很高兴地宣布，iTune会在63个国家和地区发布！

从23到64，这里有一个很漂亮的动画过渡，我们看看如何在Keynote中实现。

❶ 这样大规模的切换，大家一定想到了，还是要利用"神奇移动"来实现。先向界面中添加23个圆形，如下图所示。

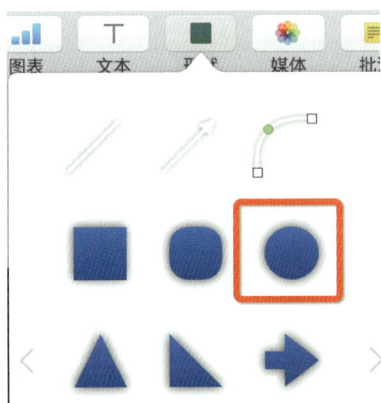

❷ 不好意思又偷懒了！假设这就是23个国家和地区，如下图所示。

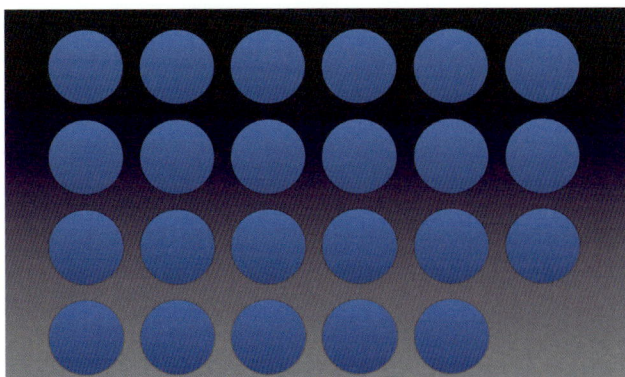

❸ 然后，复制这张幻灯片，粘贴出一张新的幻灯片，在新的幻灯片里面将原来的23个圆形缩小并且聚集在屏幕的左上角区域，然后在剩下的区域添加新的41个红色圆形。

❹ 有读者可能会问怎么把这23个圆形缩小并且聚集在左上角的区域呢？一个一个移动太麻烦了！这里有一个技巧，选中所有23个圆形，然后右键单击，选择"成组"命令，如下图所示。

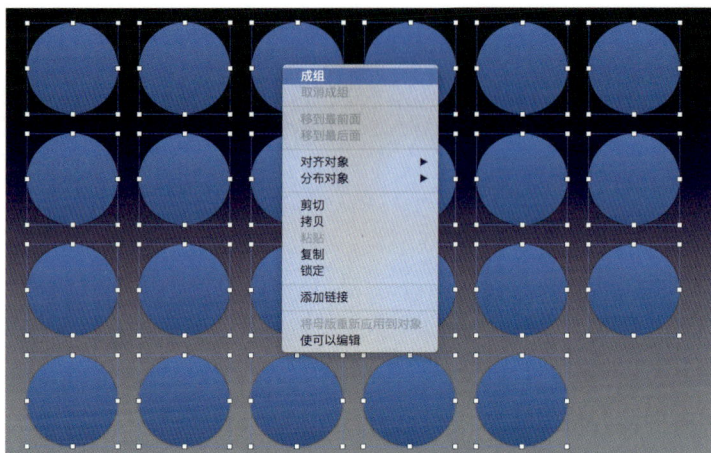

❺ 这个时候，23个圆形就变成一个整体了，可以拖曳这个整体的手柄，改变尺寸和位置，如下图所示。

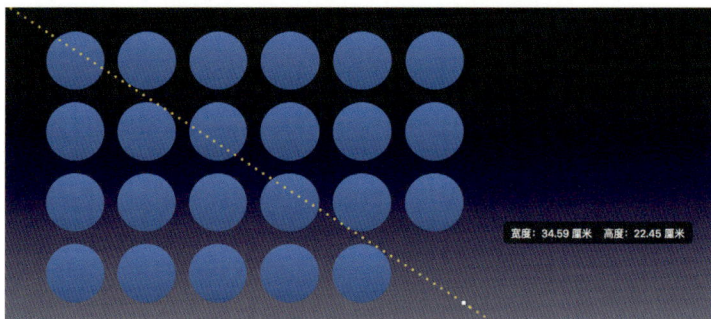

❻ 调整了大小后，再右击这个整体，将它取消成组，又变成一个一个的圆形，因为还要继续精细调整它们的位置，然后添加41个新的、红色的圆形代表新出现的国家和地区，并且调整蓝色和红色圆形之间的间距，让它们变得美观，如下图所示。

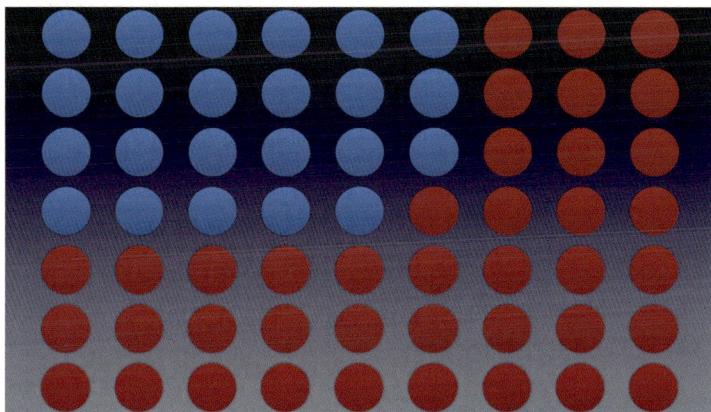

❼ 再选中23个蓝色的圆形，将它们成组。

❽ 再回到前一张幻灯片，将23个大的圆形也成组，然后，选中整个幻灯片，在右侧选择"动画效果"→"添加动画"→"神奇移动"命令。至此，大功告成。

【视频】Eddie接下来邀请Jeff Robbin上台介绍新版本的iTunes，然后就是Greg Joswiak来介绍iPod。下面我们来看看如何介绍iPod。

效果5：iPod

【视频】【时间：1：15：25】

Greg首先展示了iPod的组合：

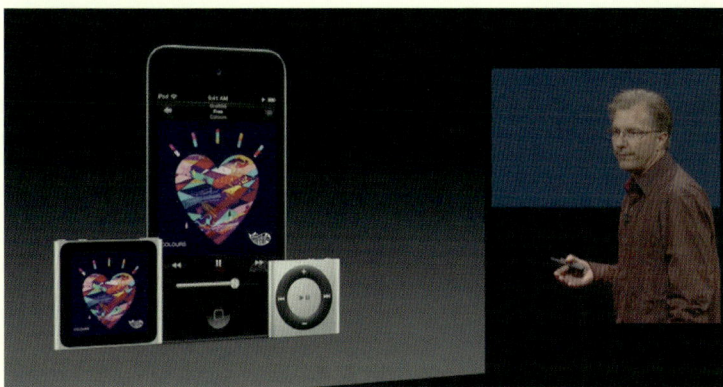

然后Greg单击控制器，iPod touch和iPod shuffle就从右侧离开了屏幕，iPod nano出现在了屏幕中央。我们来学习如何制作这个效果。

❶ 首先好不容易找到了几张老产品图片，把它们攒在一起，如下图所示。

这里要求达到的效果是：iPod nano变大居中，然后iPod touch和iPod shuffle从右侧移出视野。也许可以考虑使用"神奇移动"，但是在"神奇移动"的过程中，虽然可以让iPod nano变大居中，但是却无法精确控制让iPod touch和iPod shuffle从右侧离开。所以，放弃"神奇移动"，改用其他的动画方式来完成同样工作。

❷ 首先选中iPod nano，然后在右侧选择"动画效果"→"动作"→"放大"命令，就会发现界面中出现了一个放大版本的、半透明的iPod nano，如下图所示。

❸ 这个半透明的iPod nano的大小和位置就是原先的iPod nano变大后的大小和位置，可以选中这个半透明的iPod nano，然后移动它的位置到屏幕的中央，如下图所示。

❹ 同时选中iPod touch和iPod shuffle，在右侧选择"动画效果"→"构件消失"→"移出"命令，如下图所示。

❺ 这样，iPod touch和iPod shuffle就会从屏幕右侧移出。在右侧选择"构件顺序"，出现如下图所示的窗口。

❻ "1"和"2"是iPod nano，"3"是iPod touch，需要修改这个动画的出现时间，在"起始"处修改为"与构件1一起"，对"4"也是同样的处理。完成后如下图所示：

这个时候播放幻灯片，就会发现iPod nano变大，然后iPod touch和iPod shuffle移出视野。

【视频】大家来回忆一下之前所有的iPod nano：

（笔者本人曾拥有一台红色的iPod nano第二代。）

第7代iPod nano登场：

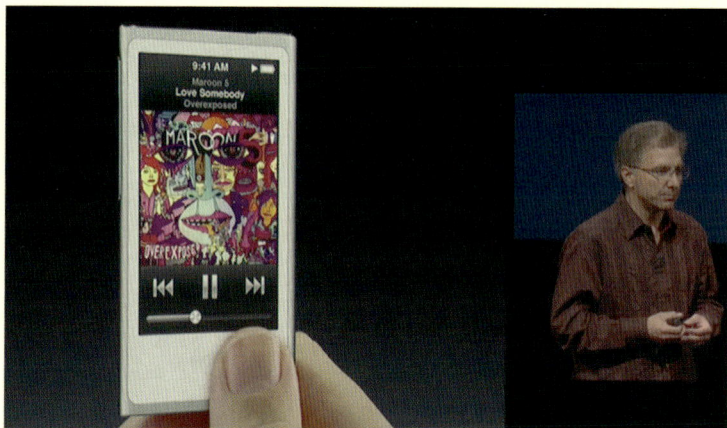

iPod nano也是同样的多彩家族。下面我们看看这个全家福是如何出现的。

效果6：iPod nano全家福

【视频】【时间：1：17：47】

在Greg的指挥下，7个颜色的nano从屏幕下方"蹦跳"着进入视野。我们来学习如何制作这个效果。

❶ 先找到7张不同颜色的iPod nano的照片，并将它们罗列如下图所示。

（让一张图片置于另外一张图片上的办法就是右击这个图片，然后选择"移到最前面"命令即可。）

❷ 选中所有的图片，将同时为所有的iPod nano添加动画。选中后，在右侧选择"动画效果"→"构件出现"→"移入"命令，记得要保证"弹跳"选项是被选中的。将所有iPod nano的移入时间都选择为2秒。打开"构件顺序"窗口。让所有iPod nano都与第一个红色nano一起发生动画时间，但是每一个都比前一个延迟0.1秒。比如第二个金色的，就比红色延迟0.1秒，蓝色的比红色的延迟0.2秒，粉红色比红色延迟0.3秒，以此类推，如下图所示。

全部完成后，我们播放，就会发现iPod nano们一起蹦跳着出来了。

【视频】接下来Greg谈起iPod touch。iPod touch是世界上最流行的音乐播放器：

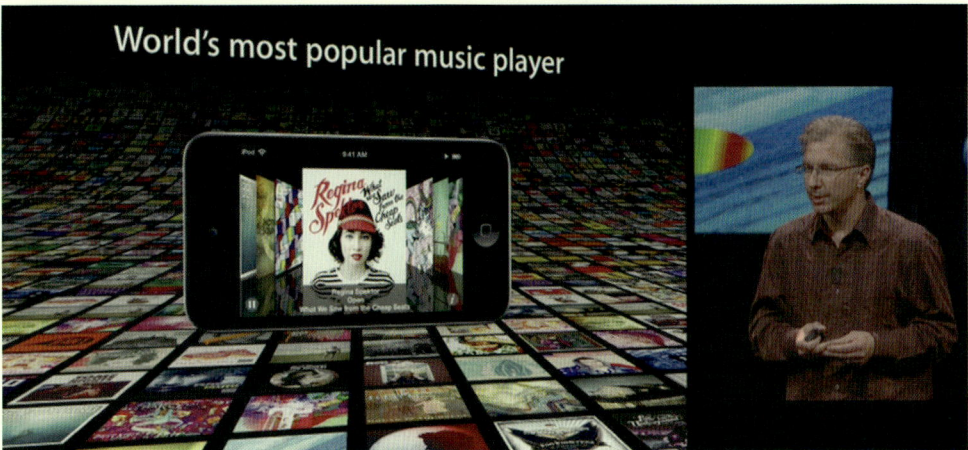

这里我们不去制作这样一张幻灯片，请注意Apple排列这些元素的方式。无数的CD封面像瀑布一样被展现出来，给人以极大震撼。而且很多人没有意识到，iPod touch也是世界上最流行的游戏机，可以下载17.5万个游戏和娱乐应用（从App store）。

新的iPod touch采用了与iPhone 5一样的4英寸屏幕。

看看这个iPod touch的摄像头，是否似曾相识？

这个iPod touch的摄像头像极了iPhone 6的摄像头，稍微突出。

　　甚至连材质和边框的弧度都是接近的。我们完全有理由相信，iPhone 6的部分功能已经在2年前生产的iPod touch上面进行了实验。

　　接下来Greg介绍的iPod touch的功能，基本上都是iPhone上已经有的，现在在iPod touch上实现的。所以我们就不再赘述了。

效果7：iPod touch全家福

【时间：1：31：34】

❶ iPod touch的进入方式又与iPod nano不同，下面来学习制作。首先还是找到iPod touch第5代的图片，将它们排列在Keynote中，如下图所示。

最终的排列如下图所示。

❷ 将它们的顺序调整一下。首先是灰色的，选中灰色的touch图片，在右侧选择"格式"→"排列"命令。在这个选项中可以看到"旋转"，拨动左侧的转轮就可以将灰色iPod touch图片进行旋转。完成后如下图所示。

❸ 将黑色iPod touch的图片拖曳到灰色的旁边，先右击它，选择"移到最前面"，然后也给它一个角度，让它覆盖在白色图片的上方，如下图所示。

完成后如下图所示。

❹ 然后同时选中这5张图片，为其添加动画。（要添加的动画是"构件出现"里面的"缩放（大）"。）完成后，调整动画的顺序，让灰色先出现，黑色其次，然后是蓝色，黄色和红色。每一个都是在前一个构件的动画完成后再起始的，如下图所示。

❺ 最后，Greg展示了为iPod touch挂上Loop链接绳的效果。首先它让所有的iPod touch都规则地排列了起来（这个效果要使用"神奇移动"）。为此，先将iPod touch幻灯片复制一张，在这张新复制出来的幻灯片上，将所有的动画去除，并且将所有的iPod touch按照如下图所示的位置排列。

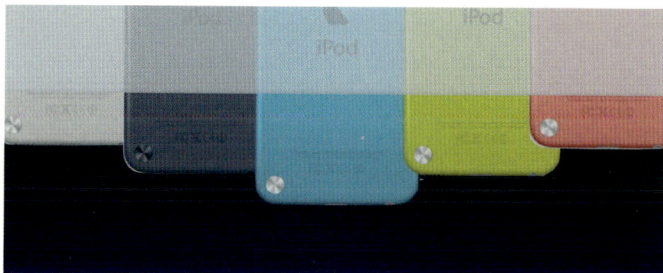

❻ 接下来回到第一张幻灯片，选中整个幻灯片，在右侧选择"动画效果"→"过渡"→"神奇移动"命令。这样，当切换幻灯片的时候，所有的iPod touch就乖乖移动到上图中的位置。

　　最后，来完成挂绳"Loop"的动画。这里需要使用一些复杂的技巧。通过视频可以看到，挂绳有一个变大然后又变小的过程，好像是被人拿起来挂到iPod touch上的感觉。为此，要制作一个两段的动画，第一段是移动然后挂绳变大，好像被人拿了起来；第二段是移动然后变小，好像是"挂"了上去。为了同时实现移动和变大的效果，之前学过，需要用到"移动"的动画。

❼ 为了简化过程，仅制作一个红色的挂绳效果。先选中这一段挂绳，选择"动画效果" → "动作" → "移到"命令，让"移到"的目的地定位在原图片的上方，如下图所示。

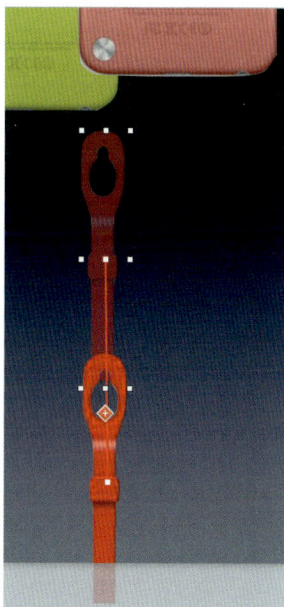

❽ 单击上图中的红色加号，选择"放大"，这个时候会发现 Keynote 自动将目标挂绳进行了放大，如下图所示。

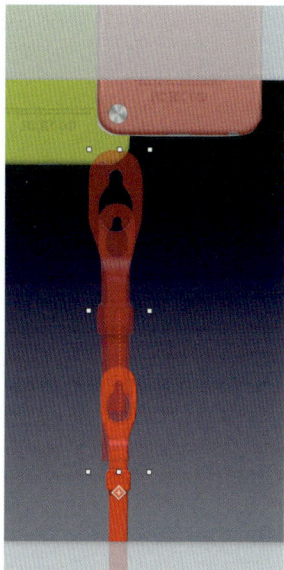

❾ 再次单击红色加号，选择"移到"。这个"移到"是第二次的移动，所以看到界面中又出现了另外一个挂绳，如下图所示。

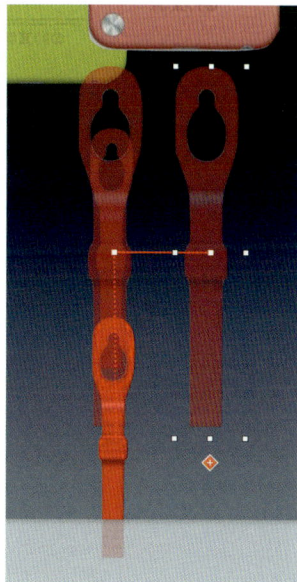

❿ 把这个新的位置也移动到原先位置的上方，并且再次单击红色加号，这次选择"放大"。但是这次不放大了，而是将第二次移动后的目标挂绳的尺寸恢复到原状。完成后整个路径如下图所示。

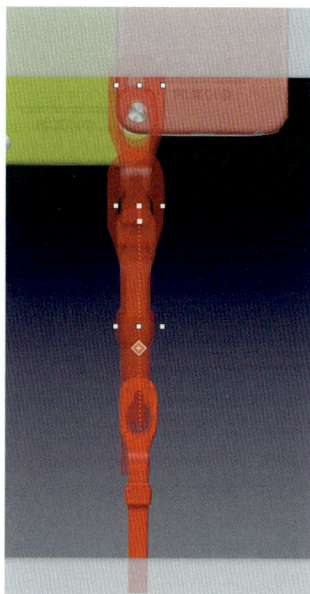

⓫ 打开右侧的"构件顺序"窗口就能看得更清楚一点，如下图所示。

可以看到挂绳先移动，然后放大，然后再放大（其实是缩小），然后再移动。可以运行一下该动画实验一下，发现虽然还是跟Apple差得很远，但是已经有点意思了。

【视频】Tim Cook再次回到台上，展现了一个新的iPod广告。然后他再次强调了"只有Apple，能够将硬件和软件进行如此惊人的结合从而产生强大而简单的解决方案。"

然后Tim邀请了Foo Fighter乐队上台表演，这也是2012年发布会新加入的一个环节。

【总结】

　　2012年是比较不温不火的一年。虽然是一个升级年，但是iPhone 5的出现并没有引起足够的追捧，媒体对新的iPhone的反应也是讽刺挖苦大于赞扬。大家一定记得那些关于"iPhone变得越来越长，三星变得越来越大"的图片。不过我们依然可以看到，Apple在很有信心地按照自己的步调前进着，暗暗进行硬件的创新和更迭，为之后更大的生态系统打下基础。Apple做的，永远不是一款产品，而是做用户喜欢的产品。

Chapter 7

2013 年iPhone 5s & iPhone 5c 发布会

扫码看视频

2013年，Tim Cook很开心！

2013年的发布会，对北京、柏林和东京进行了分会场的直播，所以Tim在演讲开始也先对这些地方的观众进行了特别的致谢：

跟去年不同，今年Tim开始先介绍了iTune 音乐节，有30个超级巨星进行了连续30个夜晚的表演：

iTune音乐节也是表达Apple对音乐喜爱的一个特殊节日，可惜的是在中国目前还没有。Lady Gaga更是在音乐节上表演了她的全新的、未发布的专辑，足见她对音乐节的重视。

【视频】接下来是Retail Store的Updates。在斯坦福的购物中心，Apple有一家比较小的零售店：

虽然这家店铺很小，但是自从其创建以来，已经服务了500万消费者！在刚过去的周末，Apple升级了它：

三面都是玻璃。这是开业时候的盛况：

然后Tim就从零售店的介绍跳转到了iOS 7，他使用了一个转场的过渡动画，下面我们来学习。

效果1：翻转过渡

【时间：7：12】

❶ 首先使用一张全屏的清晰图片，盖住整个视野，如下图所示。

❷ 再添加一张新的幻灯片，上面放置iOS 7的Logo，如下图所示。

❸ 选中零售店幻灯片，在右侧选择"动画效果"→"添加效果"→"对象立体翻转"命令，并且在设置当中，选择"从下到上"。这样，当单击鼠标的时候，幻灯片就会发生过渡，然后iOS7的Logo从下方翻转了上来，零售店的图片翻了下去。可以看到有很多种过渡方式可以选择，如下图所示。

其中就包括了经常使用的"神奇移动"。可以根据具体需要使用其中的一种或者几种。不过要注意，切记每次切换都使用不同的过渡动画。过度使用会显得喧宾夺主。

【视频】接下来Tim邀请Craig Federighi上台介绍iOS 7：

（之后大家会经常看到这个"蓝衬衫"，Craig是在Scott之后开始领导iOS的Software Engineering的。）

Craig演示了所有支持目前iOS 7的应用：

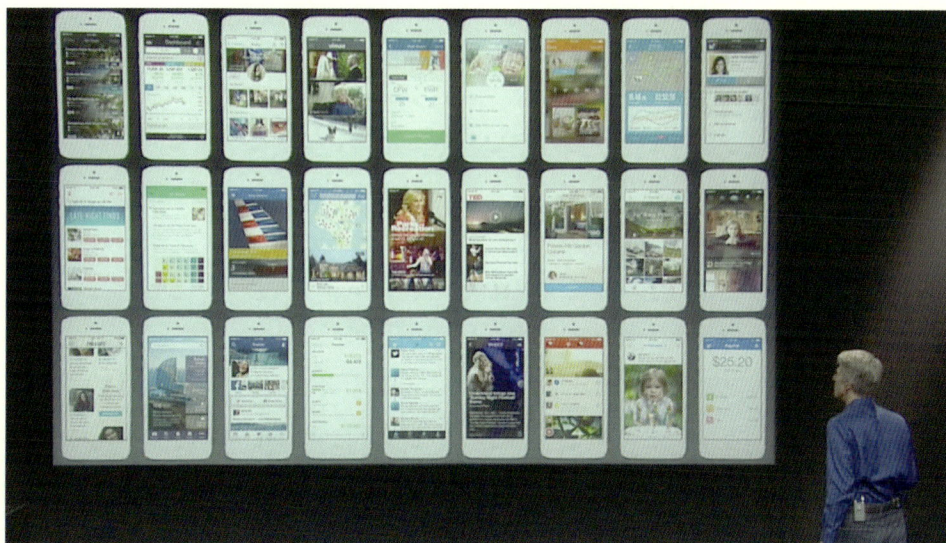

下面来学习如何制作这个效果。

效果2：iOS 7的应用墙

【视频：15：18】

❶ 先放置一个iPhone 5s的图片，如下图所示。

❷ 添加一张iPhone 5s壁纸，尺寸为12.19cm×21.63cm，覆盖在iPhone 5s的桌面上。完成后如下图所示。

❸ 同时选中这张照片和iPhone 5s照片，右击它们，选择"成组"命令。完成这一张后，复制该幻灯片，粘贴出一张新的幻灯片，如下图所示。

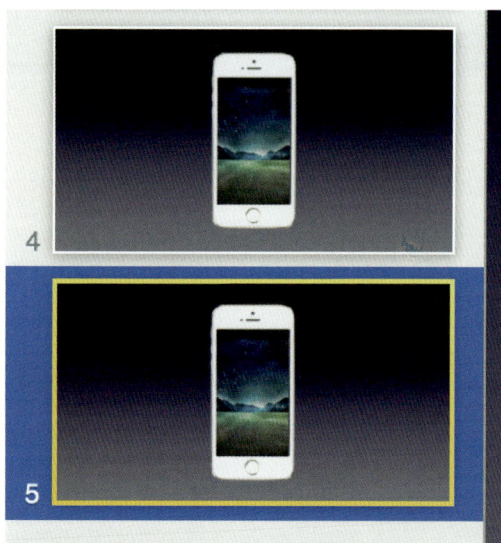

❹ 将新幻灯片中的iPhone 5s的尺寸进行修改，并且将它置于屏幕的中间，如下图所示。

❺ 返回去选中第一张幻灯片，为它添加一个"神奇移动"效果。运行幻灯片，就会看到一个大的iPhone 5s逐渐缩小变成了一个小的iPhone 5s。

❻ 接下来，继续操作第二张幻灯片。将中间的iPhone 5s复制多个，排列如下图所示。

❼ 每个iPhone 5s就是一个iPhone 5s的图片和一张桌面图片的组合。要更换这个桌面图片，所以需要一个一个地将组合解除，然后逐个更换桌面图片。完成后如下图所示。

❽ 再次将每个桌面和每个iPhone 5s的图片"成组"。接下来选中每一个组合，为它们添加动画，如下图所示。

⑨ 但是每个动画的持续时间都不相同，而每个纵列的持续时间是相同的，建议如下图所示。

⑩ 将所有的动画设置为"与构件1一起"，将"构件1"的出现时间设定为"过渡之后"。这样，过渡完成后，所有动画就会自动触发，按照设定的时间开始播放。

至此，该效果完成。

【视频】下载iOS 7，就像换了一个新的手机一样，比以前有了更多的功能，更加漂亮，而且你已经自然地知道如何去使用了。

Craig讲完后，Tim Cook再次上台介绍更多的Apple Software：

Keynote、Pages、Numbers、iPhoto和iMovie是iOS上非常强大的软件集合，Apple把他们一起叫做iWork。今天，Tim宣布，将这5个在业内领先的Apps全部免费！

接下来，Tim开始谈起iPhone，他展示了一张图来显示iPhone的累计销量。我们来学习如何制作。

效果3：iPhone的累计销量图

【时间：20：53】就是这样一张图。

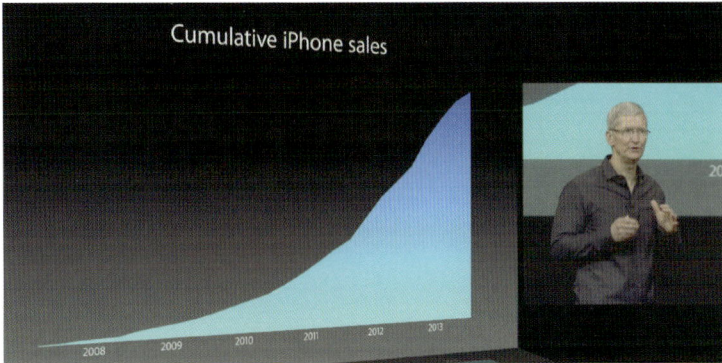

❶ 首先向界面中添加一个二维的面积图，如下图所示。

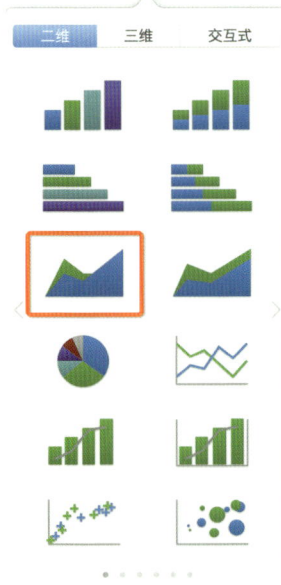

❷ 将 "区域2" 删除，目前图表看起来如下图所示。

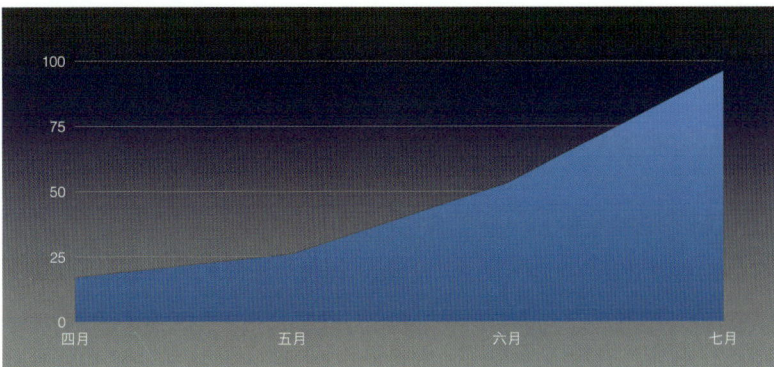

❸ 为图表添加如下的数据。

		2007	2008	2009	2010	2011	2012	2013
	区域 1	0	5	15	25	35	60	100

❹ 选中图表，在右侧选择"格式"→"坐标轴"→"值（Y）"命令，将数值标签选为"无"，将主网格线也选择为"无"，如下图所示。

这时候图表看起来如下图所示。

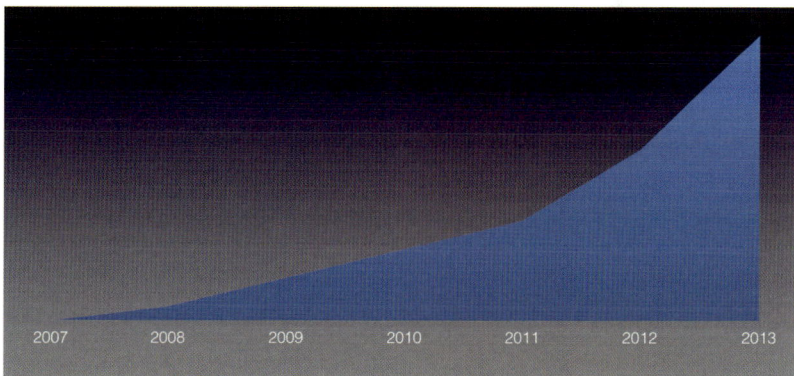

5 然后，把下方的年份数字也隐藏起来。为此，选中图标，在右侧选择"格式"→"坐标轴"→"值（X）"命令，将轴线前面的选项取消，类别标签设置为"无"，如下图所示。

现在图表什么都没有了，如下图所示。

6 这里需要自己添加X轴的文字，按照Tim的幻灯片，排列如下图所示。

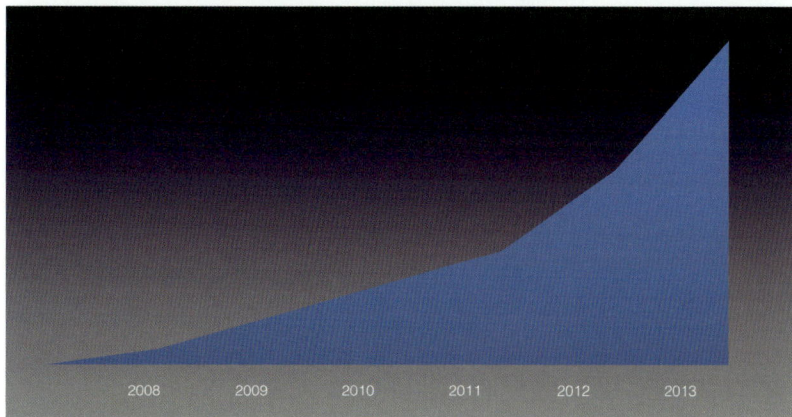

它们都是文本控件。大家可以看到，我们有意将2007隐去，并且将2008和2013没有对着图表的最边缘。这是一个使用图形和文本控件制作特殊图表的例子。

【视频】Tim说以前每次我们发布新版本的iPhone，都会将上一代iPhone的价格降低从而能让更多的消费者能够负担得起，但是今年，我们不会这么做，今年我们会完全替代iPhone 5，用两款手机而不是一款：

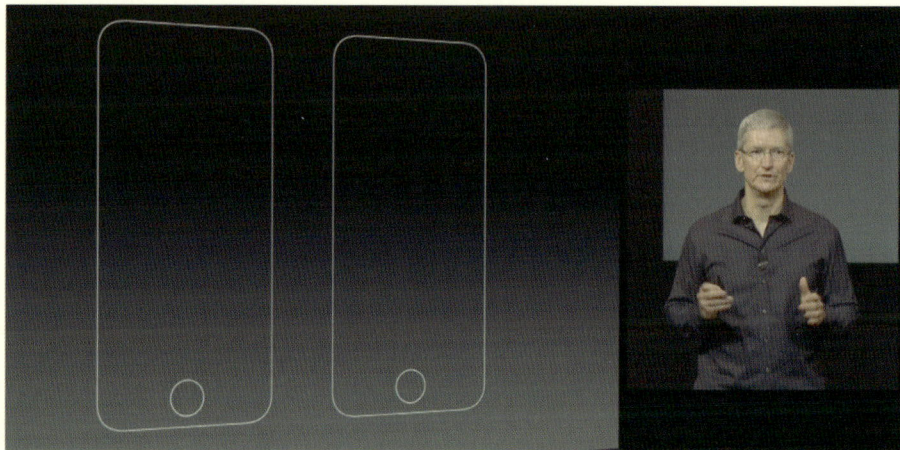

这样能让我们服务更多的消费者。下面自然是请上Phil来介绍新的iPhone。

在Phil开始讲述之前，他用了一个动画，将两个iPhone"合成"了一个，下面我们先来学习这个动画。

效果4：两个iPhone变成一个

【时间：22：00】

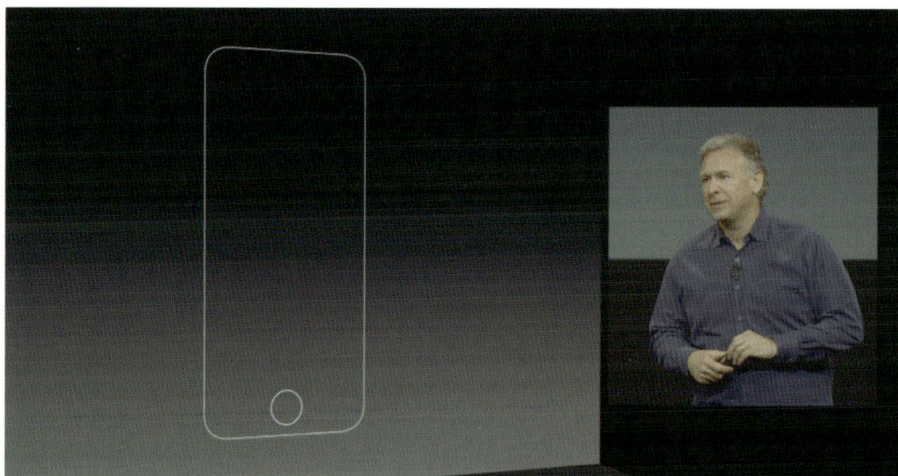

❶ 首先，制作这个线框版本的iPhone。拖曳一个矩形部件到界面中，将它的大小调整为跟iPhone 5s的外边框大小类似。然后选中它，在右侧的格式区域选择"无填充"，"边框"为"线条"，粗细为4磅，颜色选择灰色，最后将"阴影"选择为"无阴影"，如下图所示。

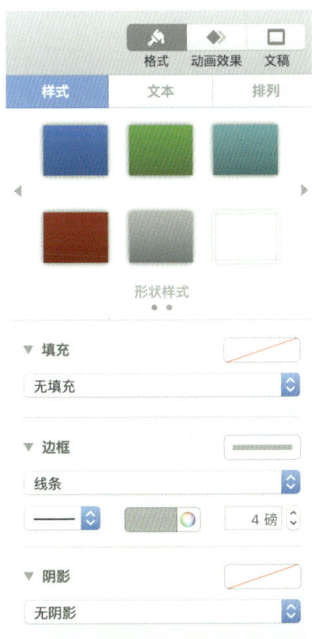

完成后如下图所示。

❷ 用同样的方式，添加一个圆形到圆角矩形当中充当Home键。完成后，将圆角矩形跟圆形"成组"，将整个成组复制和粘贴成另外一个。现在看起来如下图所示。

❸ 接下来要添加一些动画来让两个iPhone合并成一个。先选中左侧的组合，在右侧选择"动画效果"→"动作"→"移到"命令，如下图所示。

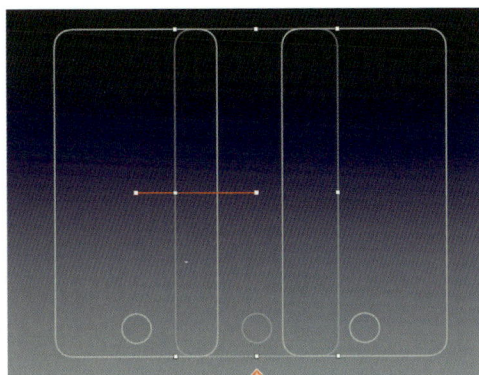

❹ 然后会看到屏幕中间出现了一个半透明的矩形，这个就是左侧矩形要移动到的地方。选择这个矩形，把它拖曳到屏幕中间，自动出现的参考线可以帮助我们迅速找到屏幕的中间，如下图所示。

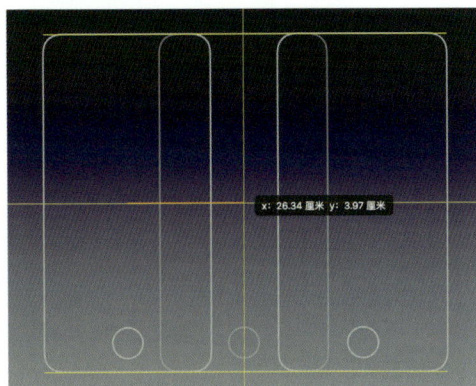

动作的持续时间是1秒钟。

❺ 用同样的方式，为右侧的矩形添加"移动"动画，

但是方向是反的。

　　然后单击"构件顺序"按钮，将第二个成组的起始设置为"与构件1一起"，播放幻灯片，可以看到两个iPhone合并为一个了。

【视频】接下来Phil首先介绍iPhone 5c，以著名的"融化的塑料"视频开始：

　　iPhone 5c以其多彩的颜色著称，在介绍iPhone 5c的时候，Apple甚至连经典的Keynote背景都给换掉了：

　　接下来Phil演示了一个iPhone 5c变成多个的效果，我们来学习如何制作。

效果5：1个iPhone 5c变成5个

【时间：24：48】

❶ 为简单起见，还是用矩形来代替真的iPhone。首先添加五个矩形控件到视界中，如下图所示。

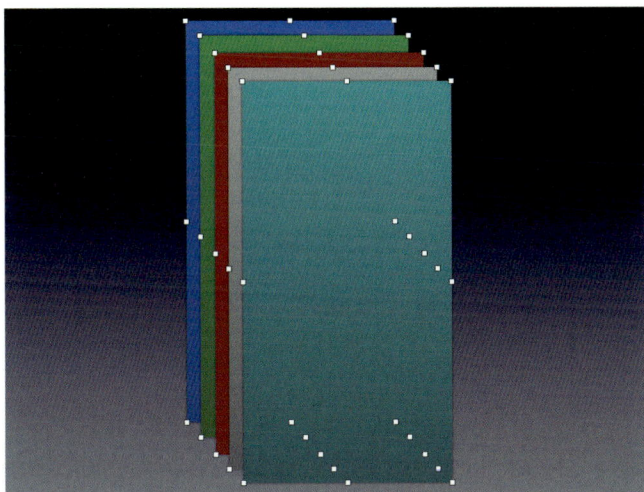

❷ 将这5个矩形都放置在屏幕的正中央，一个覆盖着另外一个，青色的矩形在最上面，完成后如下图所示。

❸ 然后，又将使用"神奇移动"了，先将当前幻灯片复制一个，在第二张幻灯片中，将这5个矩形将"由下到上"改变为"由左到右"，并且改变其的尺寸，罗列如下图所示。

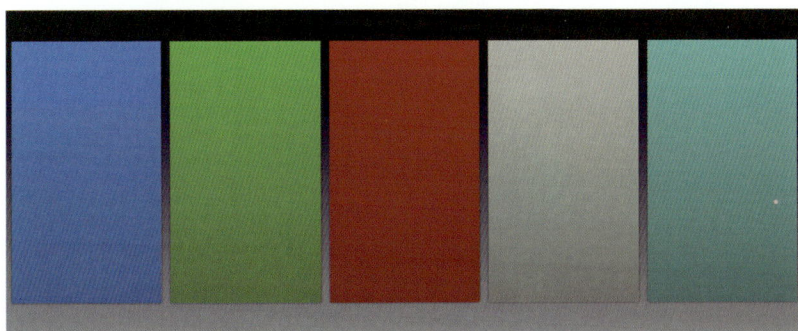

❹ 接下来回到第一张幻灯片，为它添加"神奇移动"的动画即可。

【**视频**】Phil介绍了iPhone 5c的价格，刚好是如果iPhone 5还健在的话，降价后的价格。

接下来就是另外一款iPhone，这是它在锻造的时候的样子：

当年传说中的土豪金出场：

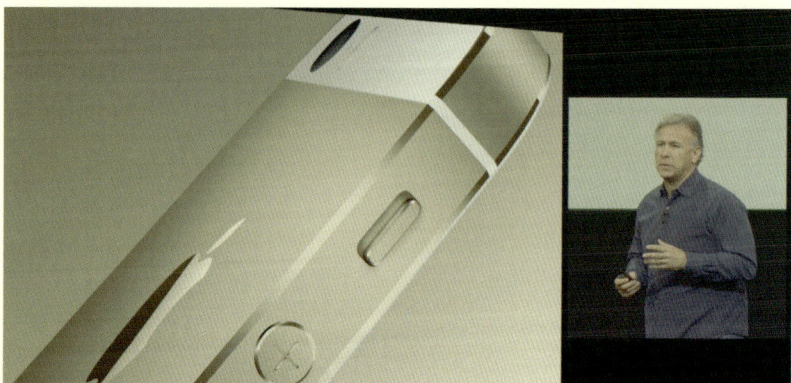

Phil接下来要介绍iPhone 5s的3个最重要的特点。

第一个是更强大的性能：就是最新的Apple的A7芯片：

不仅仅是从A6变成A7这么简单——A7是64位的！

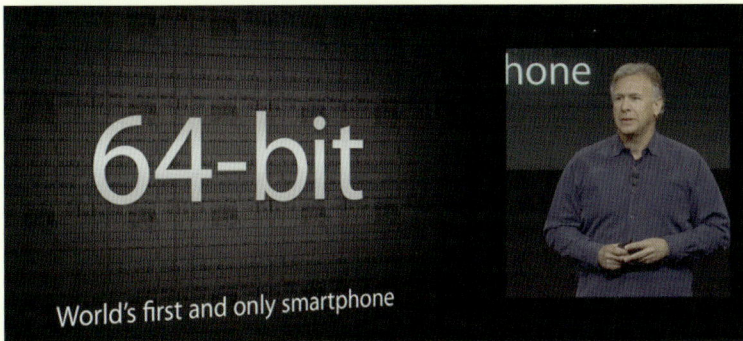

接下来Phil展示了有iPhone以来，CPU性能的进化图：

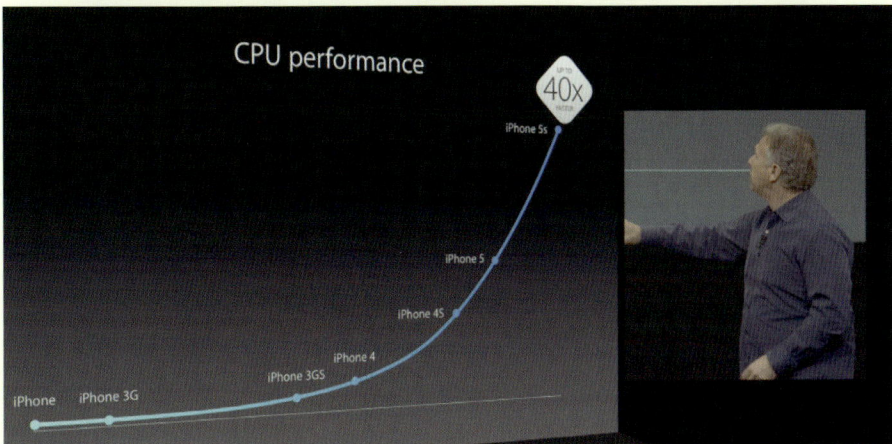

CPU性能提升了40倍，图像处理性能提升了56倍，而其中的一半，都是由今天发布的A7芯片做到的。
我们来学习如何制作这张图表。

效果6：iPhone CPU性能图

【时间：37：32】

❶ 先添加一个折线图到界面中：

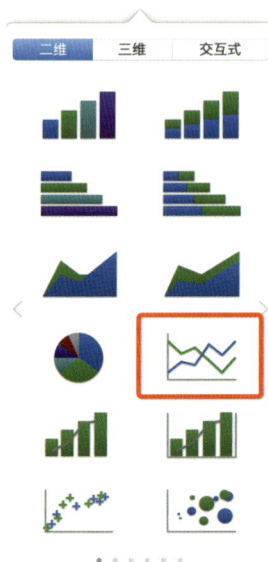

❷ 将绿色的"区域2"删除，再输入如下图所示的值。

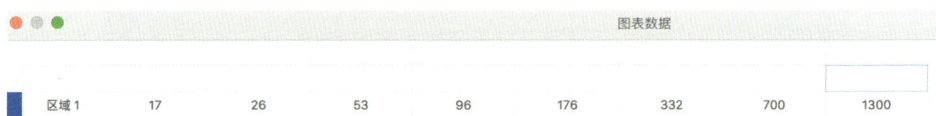

	区域 1	17	26	53	96	176	332	700	1300

❸ 在右侧选择"格式"→"序列"→"连接线"命令，将连接线选择为"曲线"，在纵向上将图表进行拉伸，完成后看起来如下图所示。

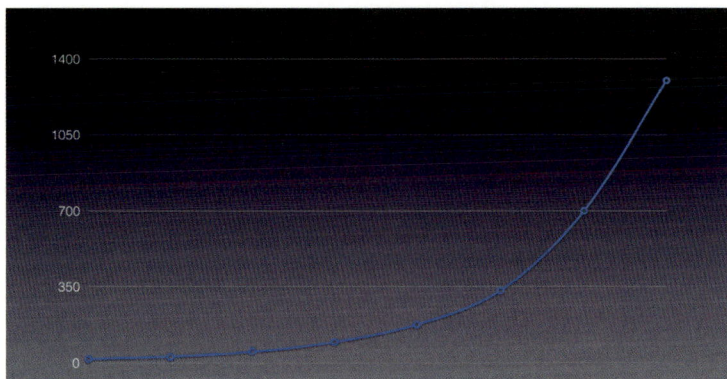

❹ 选中整个图表，选择"格式"→"坐标轴"→"轴（Y）"命令，将轴线前面的复选框取消，将数值标签修改为"无"，主网格线修改为"无"，再选择轴（X），做同样的处理，将轴线的复选框取消，类别标签修改

为 "无" ，网格线为 "无" 。完成后如下图所示。

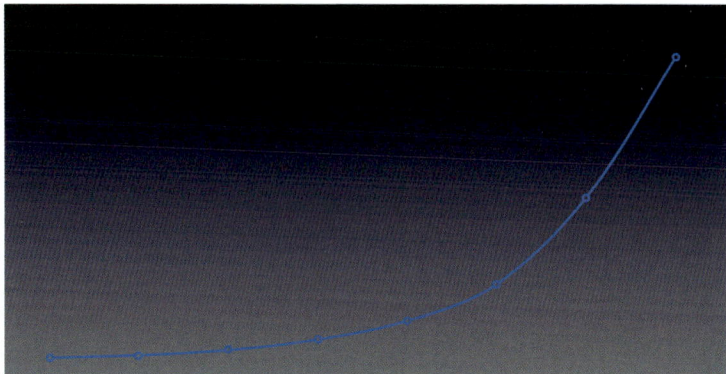

⑤ 双击这个蓝色的线，选中它，如下图所示。

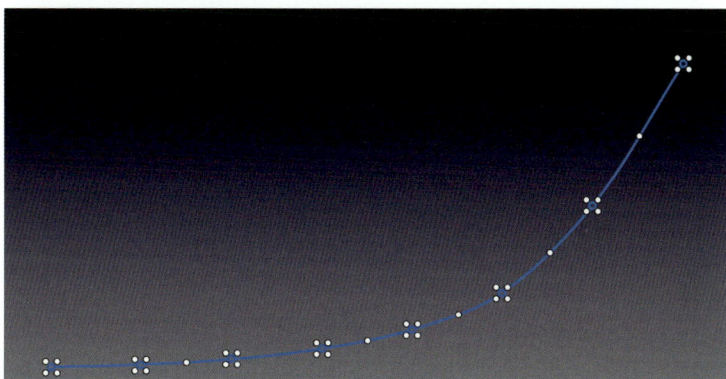

⑥ 在右侧选择 "格式" → "样式" 命令，将数据符号修改为 "无" ，将连接线颜色修改为蓝色，如下图所示。

⑦ 这个图已经没有数据点了，怎么办呢？其实，数据点不就是一个一个的点么？完全可以手工添加这些点。向界面中添加一个圆形控件，将它的填充色设置为 "颜色填充" ，并且选择跟图表一样的颜色。将这个圆形大小调整小，放置在线段的一端，完成后如下图所示。

❽ 用同样的方式添加另外6个点，注意一下其的直接距离，如下图所示。

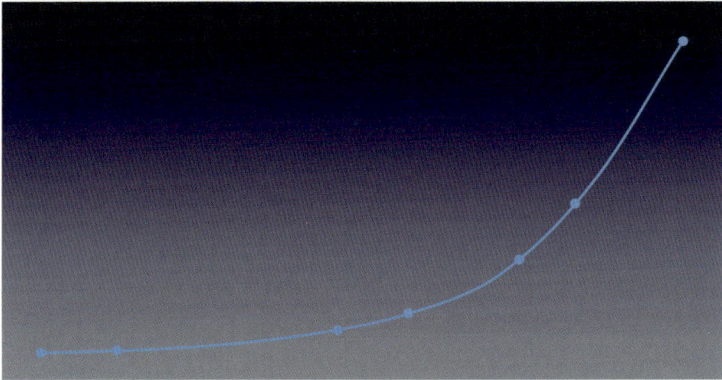

❾ 添加文本，如下图所示。

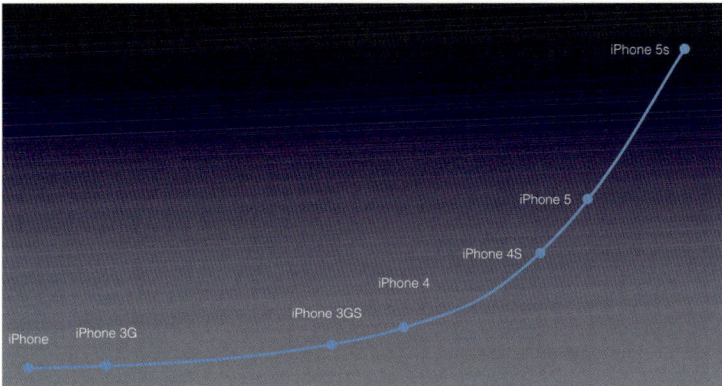

❿ 接下来，添加一个圆角矩形控件，将其填充颜色修改为纯白色，如下图所示。

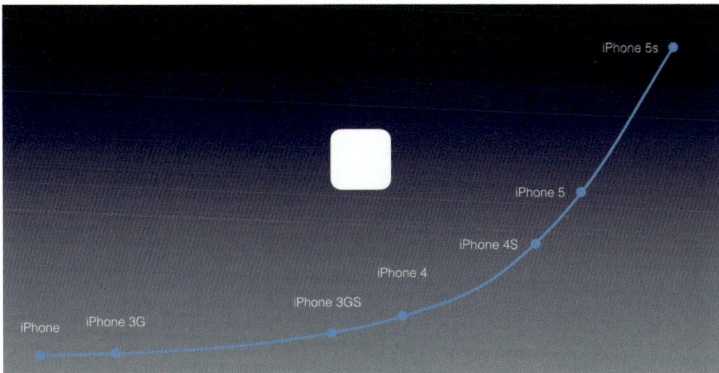

⑪ 选中这个白色矩形，在右侧"格式"→"排列"下面的"旋转"处，输入角度为45°，如下图所示。

这样，这个矩形就变成这样了，如下图所示。

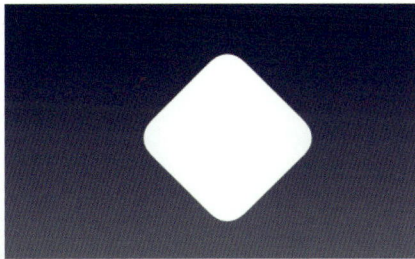

⑫ 把它放置在最上方的数据点的旁边，在上面添加文本，完成后如下图所示。

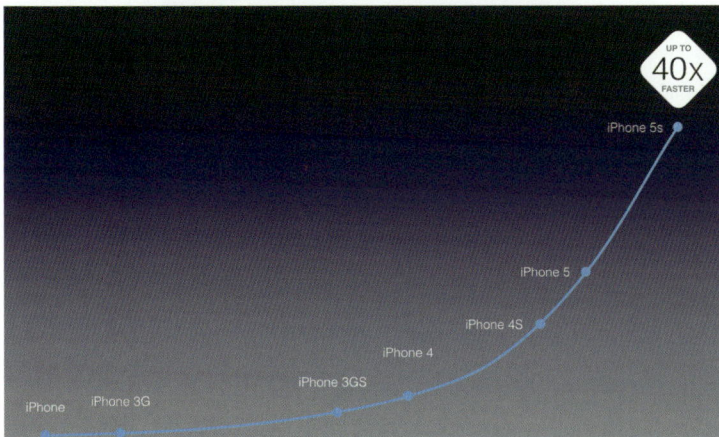

⑬ 最后添加标题和最下面的一个灰色的横线（代表坐标轴），如下图所示。

完成后如下图所示。

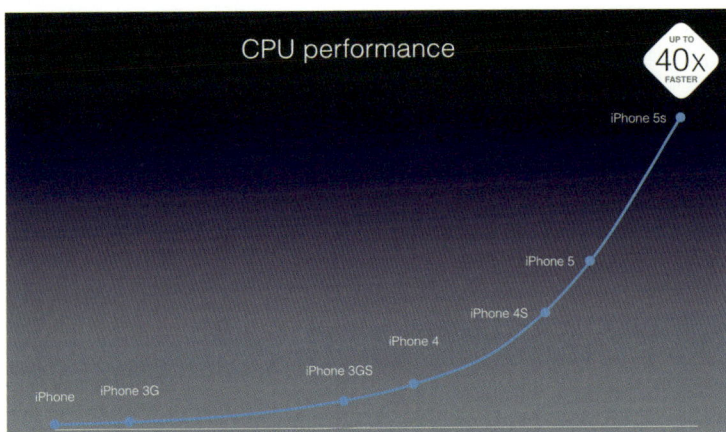

【**视频**】为了显示新芯片的强大性能，没有什么比用一个游戏来说明更好了。所以Phil邀请了Epic Games的Donald Mustard上台演示著名的Infinity Blade Ⅲ 。

另外一个改进是iPhone 5s加入了一个M7运动芯片，可以时刻感知用户的运动，为更多的健康和健身应用开辟了新的可能：

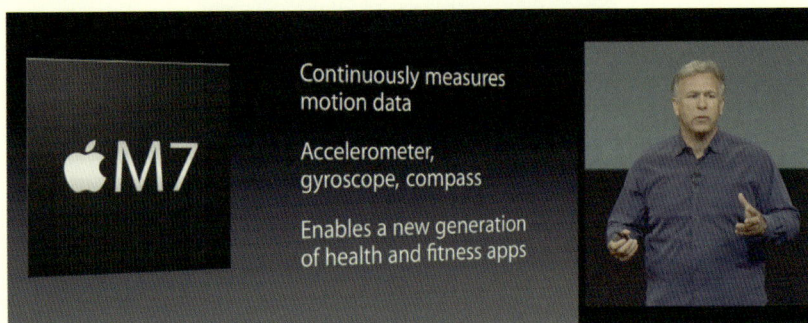

第二项重大的改进是摄像头。iPhone 5s采用了更大的像素和更大的光圈。

两个闪光灯，能够根据背景的色温动态调整闪光灯的闪光色彩：

左右两边是之前版本和新的iPhone拍摄照片的不同：

可以看出右侧的图片肤色的颜色更加自然。

iPhone 5s也有了自动平衡功能，防抖。

最酷的功能是新加入的"连拍"功能，能够在1秒钟内拍10张照片，然后自动选取曝光和色彩最好的几张给用户选择。

当然，慢动作也是一个很神奇的功能，能够拍出像电影的慢动作一样的视频了。

看，这个松鼠又回来了。大家可能记得在之前iPhone 4s的时候，Apple拍过这个松鼠：

另外一张美丽的日落照片：

很难相信这样一张照片是用iPhone拍摄的。

第三项重大改进是安全。以前你每天要输入几十次密码对吧？

在Phil输入密码的时候，有一个特殊的按键动画，我们来学习制作它。

效果7：输入iPhone密码

【时间：55：55】

❶ 先放置一个启动输入密码的图片在界面中，如下图所示。

❷ 添加一个圆形到界面中，将它加工成一个按钮。为了操作方便，将显示缩放为200％，将圆形放置在"1"的位置，让圆形刚刚覆盖住"1"，如下图所示。

❸ 将填充颜色进行修改，如下图所示。

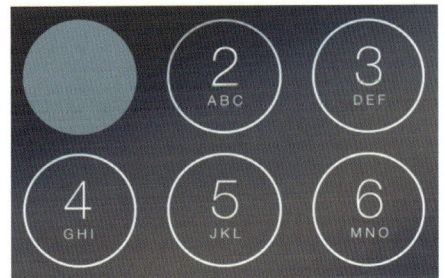

❹ 假设要输入的密码是"3479"。制作四个动画，第一个动画是按下"3"键，再就是按下"4"，然后是"7"，最后是"9"，让它们顺序播放即可。为

此，将圆形移动到"3"的上面。在上面添加如下图所示文本。

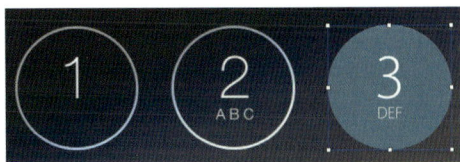

❺ 是不是很像真的？将"3""DEF"和圆形3个元素进行成组。

❻ 接下来就要为这个"3"添加动画了。首先让它淡入，然后再迅速淡出就可以达到模拟"3"被按下的效果。为此，选中"3"，在右侧选择"动画效果"→"构件出现"→"渐隐渐现"命令，将持续时间改为0.3秒，再选择"动画效果"→"构件消失"→"渐隐渐现"命令，持续时间也是0.3秒。

打开"构件顺序"窗口，将第二个成组设置为"在构件1之后"播放，如下图所示。

运行幻灯片，就会看到"3"闪烁了一下，好像被单击了，但是使用的字体与Apple的原始字体有些

出入，所以感觉不是很自然，但是意思对了。

❼ 接下来用同样的方式制作其他数字的动画，最后打开"构件顺序"窗口，我们需要的是在"3"的动画播放完后播放"4"，"4"完了播放"7"，最后播放"9"。

所以，回到"构件顺序"窗口，我们将"2"设置为"在构件1之后"，将"3"设置为"在构件2之后"，将"4"设置为"在构件3之后"……以此类推。

完成后，运行幻灯片，就可以看到"3479"被迅速单击了。

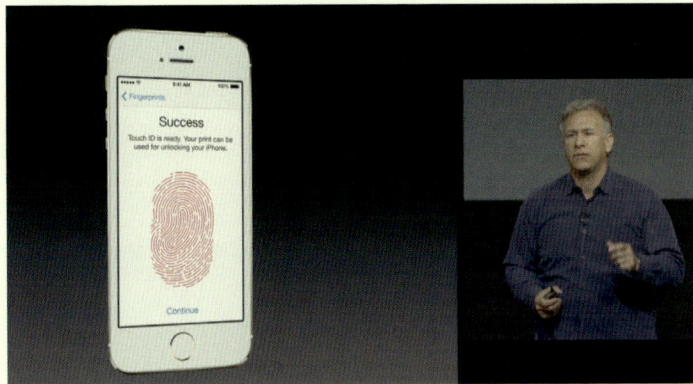

【视频】Phil介绍了Touch ID，使用你的指纹即可解锁iPhone和在App Store购买Apps：

使用过Touch ID的用户肯定都能感觉到它的强大之处。更重要的是，启用指纹识别的交互是如此自然。以至于这个第一次出现在人类大众中的指纹识别产品如此快速地就被普通用户学习掌握了。

看看Touch ID的结构：

　　（如今，这个技术已经如此自然地融入了iPhone，你甚至都不会察觉到它的存在，以至于笔者因为长期使用Touch ID，结果完全忘记了密码……）

　　总结一下iPhone 5s的三个重大改进：

- A7 64位芯片。
- 新的摄像头，TrueTone双闪光灯系统。
- Touch ID。

　　这就是2013年的iPhone阵容：

　　iPhone 5永远退出了历史舞台，成为Apple历史上最短命的一代iPhone。

　　这是第一次在中国首发的iPhone：

　　Phil强调了这一点，也算是对北京分会场做一个示好。

　　Tim再次上台："这些iPhone拥有非常杰出的科技，我们选择这些科技是因为它们对于用户很重要。我们让事情变得简单，我们并不是在堆积功能，我们深入地去想我们到底需要提供什么样的体验，然后使用技术去实现这个体验。" Touch ID就是这样一个功能。Apple想提供的体验就是使用天然的密码"指纹"去解锁你的iPhone，从而有一个简单而又安全的方式来解决每天要输入很多次密码的问题。

　　最后我们看到为了配合iPhone 5c，Apple把Logo都变成多彩的了。

【总结】

　　2013年是一个著名的S年，因为iPhone 5s虽然只是软件升级，但是升级得却极为精彩。甚至仅仅是颜色的变化就让果粉们为之疯狂。当年在市场上，一部土豪金的iPhone 5s更是被炒到了万元，而且几个月后都供不应求。Touch ID更是开启了指纹验证的新天地，让一种仅在科幻片中的体验到了寻常大众的指尖，它是如此的优雅，优雅到无法察觉。64位的A7芯片更是让iPhone强大到了提供大型游戏机水平的地步，64位一骑绝尘。5s至今仍然可以非常流畅地运行Apple最新的iOS 9.0。iPhone 5s首周末销量为900万台，仅仅在3天内。

　　虽然直到今天，大家对于iPhone 5c的成败仍有微词，Apple之后也停止了这款iPhone的生产，但是不得不承认这是一款非常优秀的手机，拿在手里的确是棒极了。可能大家对它失望的原因是因为它价格高了。大家可能认为iPhone 5c应该是一款千呼万唤的Apple "低端" 手机。但是不要忘记这是第一次Apple在发布了新iPhone后，直接把旧iPhone 5下架，所以iPhone 5c也在一定程度上是用来 "补" 下架的iPhone 5这个价位的。大家觉得iPhone 5如果在售，会降价到2、3千吗？

　　从操作效率来，4英寸的确是非常合适的。也许有一天，我们会有一个升级版的4英寸iPhone归来。

Chapter 8

2014 年iPhone 6 & iPhone 6 Plus 发布会

扫码看视频

【视频】2014年，又一个精彩的年份到来了，不同以往的是，Apple以一段极具冲击力和创意的视频开场：

通过视角的变化，将存在于不同物体上的文字和图像组合成有意义的文字和照片。比如上面这张图，分开了看，不过是写在墙上的不同线条片段，但是如果视角正确，就会变成"以不同的眼光看待事物"这样的句子：

一堆看似乱放的木块：

以正确的视角就会变成"follow a vision"：

近乎无情的精益求精！

总之这段视频非常值得一看。

视频完成后，Tim Cook上台：

大家可以注意到今年Apple换了一个更大的剧场来召开发布会。Tim首先强调了"Seen things differently"对于Apple有多重要，也希望所有的人都能够"seen things differently"。

Tim说很高兴能够再次回到Flint Center来召开发布会：

Apple在这里有很多历史。30年前，Steve就是在这里发布了Macintosh电脑：

也是在这里，Apple发布了iMac：

今天，我们会继续发布一些产品，在今天之后，你们会认为今天是Apple历史上最重要的一天。

　　Tim说我通常都会先说一些业务的更新（比如零售店），但是今天因为有太多的事情要说，我就不细说了，只是告诉大家"一切都好！"Tim从iPhone开始讲起：

大家再来看一眼最初代的iPhone，是不是依然惊艳？

到目前为止历代iPhone的罗列，大家可以看到其实尺寸并没有太明显的变化：

今天，我们要发布iPhone历史上最大改进的iPhone。Tim开始播放一个视频：

最惊人的一幕就发生在上面这张图片里面，前面一个iPhone旋转后，突然从背后出来了一个更大的iPhone，证明了之前传闻的"有一个更大的iPhone"的流言。两个不同尺寸的iPhone，从此诞生。

当然，为了介绍这两款iPhone的新功能，Tim邀请Phil上台。

第一项就是Retina Display的第二代：Retina HD Display，这个HD是出现在Retina Display中间的，这里有一个动画，我们来学习它。

效果1：添加文字

【时间：9：36】

这是一个非常简单的效果。首先，添加两个文本控件，分别输入Retina和Display，如下图所示。

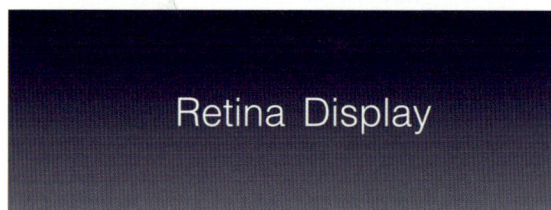

然后复制这张幻灯片（聪明的读者一定发现了，这里又要使用"神奇移动"了！），在新复制出来的幻灯片里面，将"Retina"向左移动，然后将"Display"向右移动，在中间加上"HD"，如下图所示。

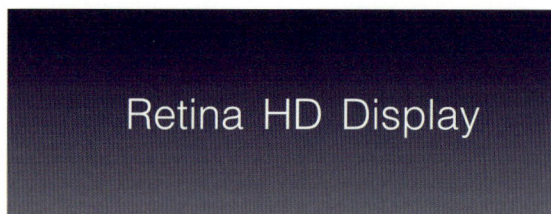

然后呢，为"幻灯片1"加上"神奇移动"效果即可！

【视频】接下来Phil继续讲述iPhone 6的屏幕是多么让人惊艳，用到了如下"分层"的效果：

下面我们来学习如何实现这个动画。

效果2：iPhone 6屏幕分层动画

【时间：9：53】

❶ 因为很难获得iPhone屏幕的高像素分层图片，所以还是用矩形来代替。首先准备一张如下图所示的iPhone 6图片，作为分层前的基础。

❷ 然后制作这些分层的矩形图片。那么问题来了，怎么制作一个梯形呢？要知道能够添加的控件只有圆形、矩形、圆角矩形这些。

　　其实很简单，Keynote已经为我们准备好了。先拖曳一个矩形控件到界面中。将它的阴影、边框都去除，然后填充为黑色，如下图所示。（为了工作方便，我们将视野进行了放大）

❸ 右击这个黑色矩形，选择"使可以编辑"命令，如下图所示。

　　可以看到矩形的顶点变成了可编辑状态，如下图所示。

❹ 可以拖曳着左下角的顶点，将它拖曳到iPhone屏幕的顶点，如下图所示。

❺ 用同样的方式把另外两个顶点也拖曳到iPhone屏幕的顶点去，如下图所示。

　　可以看到中间的矩形，已经是一个梯形了。

　　其实也可以在原先矩形的顶点之间添加新的顶点，然后将矩形变成5边型，甚至有弧度的形状。大家可以自己尝试了。

❻ 将这个黑色矩形填充为蓝色，用同样方式添加一个小一点的红色矩形，如下图所示。

❼ 再添加一个白色矩形和一个黑色矩形，如下图所示。

❽ 这样，就有了4个梯形组件覆盖在iPhone上面，接下来的工作是让它们进行移动。

　　为此，先选中黑色矩形，然后单击右侧的"动画效果"→"动作"→"移到"，让它移动到屏幕的最上方，如下图所示。

❾ 再选中白色的、红色的和蓝色的，以同样的方式让它们向上移动，如下图所示。

❿ 当完成4个之后，打开"构件顺序"窗口，将所有的动画设置为"同时与构件1开始"。

　　播放动画，就会发现所有的层都向上同时移动，达到了需要的效果。当然，你只要再添加一个相反的动作，就能让他们合上。

【视频】我们能够看到，iPhone 6和iPhone 6 Plus还是比上一代的iPhone 5s大了相当多：

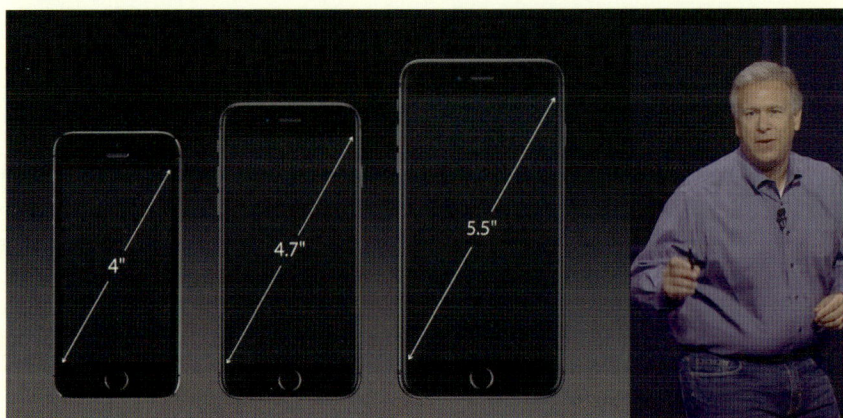

我们不会制作下面这张图，这是给大家欣赏一下：

现在App Store已经有了130万个应用。

毫无疑问，iPhone 6搭配了Apple的全新A8处理器，它有20亿个晶体管：

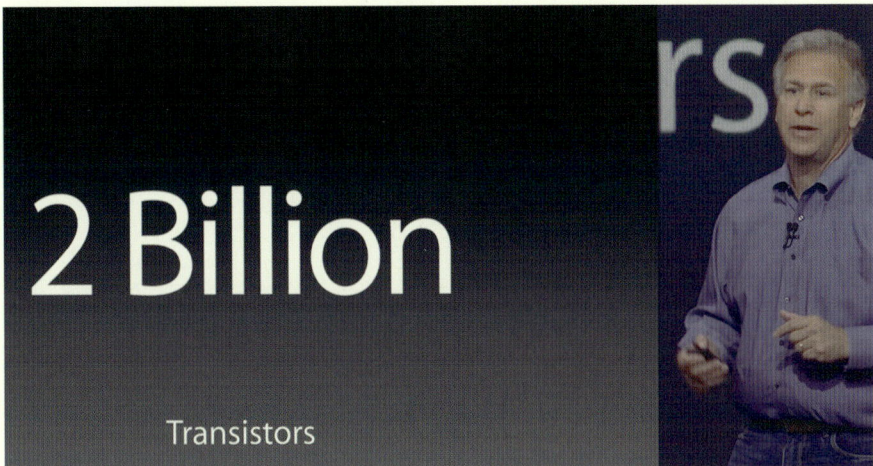

晶体管数量比A7多了一倍，而且体积减小了13%。

这张图又来了，现在大家会做了吧?

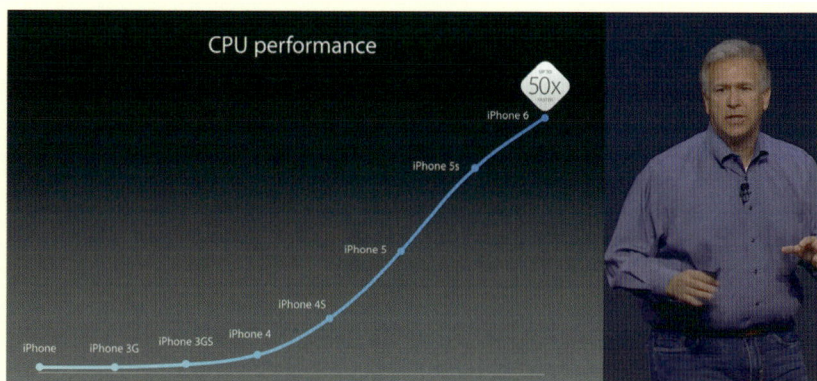

　　为了说明A8的强大，是的，我们就要看到另外一个游戏公司出厂了，这个公司的名字可霸气了，Phil说就凭这个名字，我们也应该让他们上台，名字是"超级邪恶巨公司"！

　　他们的游戏Vain Glory非常好玩，大家可以去App Store下载。

　　接下来Phil展示了一张比较各个iPhone电池时间的表格，我们来学习这个表格的制作方式。

效果3：表格制作

【时间：23：59】

❶ 这里是第一次制作表格。在Keynote当中制作表格是十分简单的，但是制作一些特殊格式的表格会复杂一些。单击表格，选中如下图所示的默认格式表格。

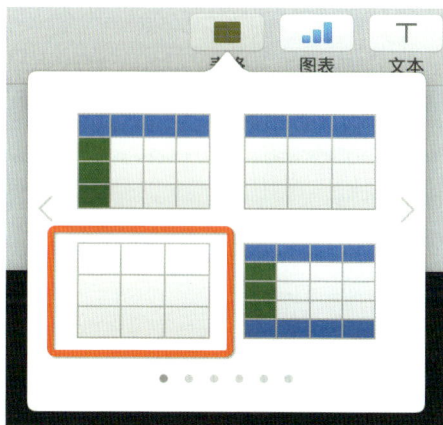

❷ 因为要制作的表格没有表头，所以选择一个简单格式的表格。添加后，界面如下图所示。

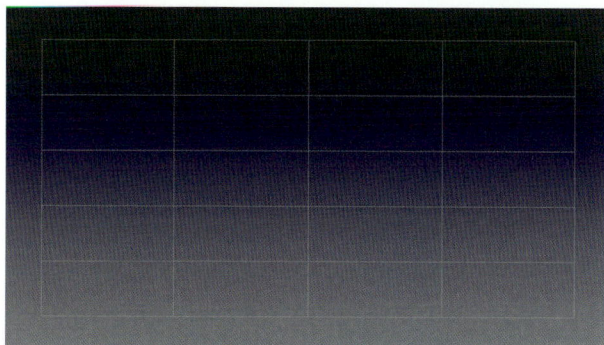

❸ 要制作的表格是一个8行4列的表格，先学习如何添加行，选中表格，这个时候表格的上方和左侧会出现工具条，如下图所示。

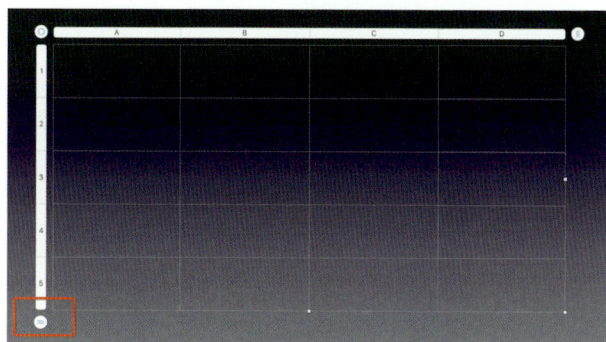

❹ 只要单击左侧的这个双竖线的按钮，就会出现一个数字选择框，"5"是当前的行数，只要调整这个数字，就可以增加和减少行数，将行数设定为"8"，如下图所示。

完成后，调整表格的大小和位置，如下图所示。

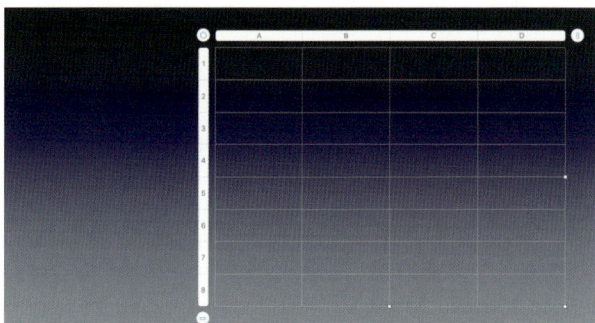

❺ 接下来，填入所有的文字部分，如下图所示。

	iPhone 5s	iPhone 6	iPhone 6s
Audio	40	50	80
Video	10	11	14
Wi-Fi browsing	10	11	12
LTE browsing	10	10	12
3G browsing	8	10	12
3G talk	10	14	24
Standby (days)	10	10	16

❻ 去除不需要的表格线条，为此，先选中第一行的格子，如下图所示。

❼ 在右侧选择"格式"→"单元格"→"边框"命令，然后在边框中，先选中所有的线，如下图所示。

8 在右侧的边框样式中选择“无边框”，这时可以看到，选中单元格的边框都没有了，如下图所示。

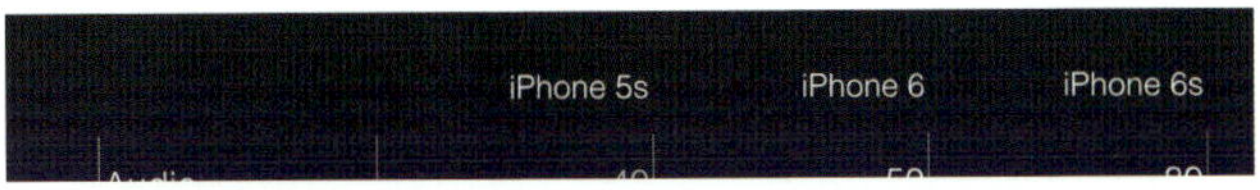

iPhone 5s
iPhone 6
iPhone 6s

9 用同样的方式，可以让所有的边框都消失，如下图所示。

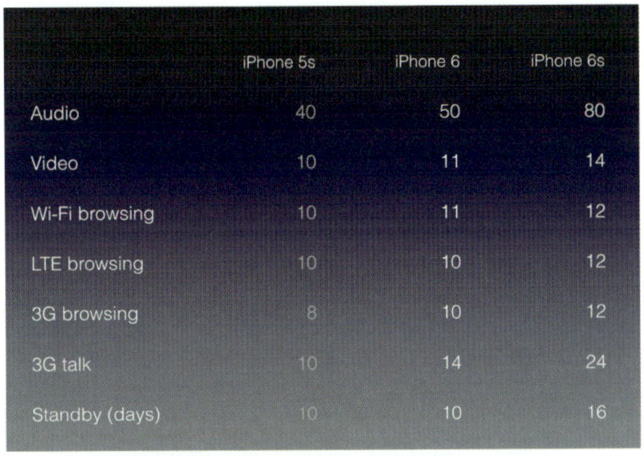

iPhone 5s
iPhone 6
iPhone 6s
Audio 40 50 80
Video 10 11 14
Wi-Fi browsing 10 11 12
LTE browsing 10 10 12
3G browsing 8 10 12
3G talk 10 14 24
Standby (days) 10 10 16

可以选中整个表格，然后一次性地把所有边框都设置为“无”。

10 接下来，再次选中第一行的表格，在边框中选择下面的底线，如下图所示。

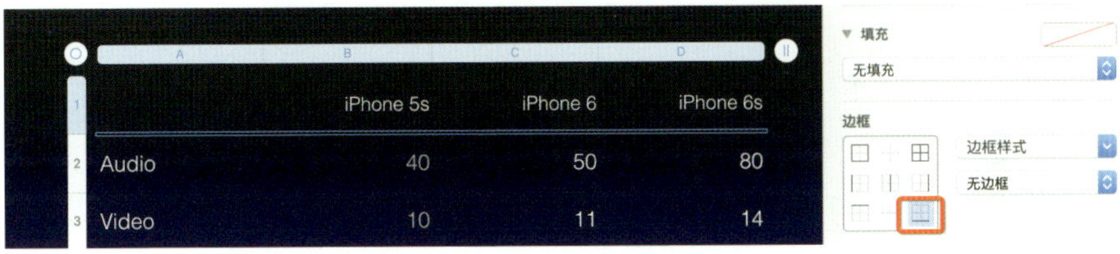

A
B
C
D
iPhone 5s
iPhone 6
iPhone 6s
Audio 40 50 80
Video 10 11 14
填充
无填充
边框
边框样式
无边框

11 在边框样式中选择“一磅”，如下图所示。

边框
边框样式
最近使用的
1 磅
表格样式

12 可以看到表格变成了如下图所示的样子。

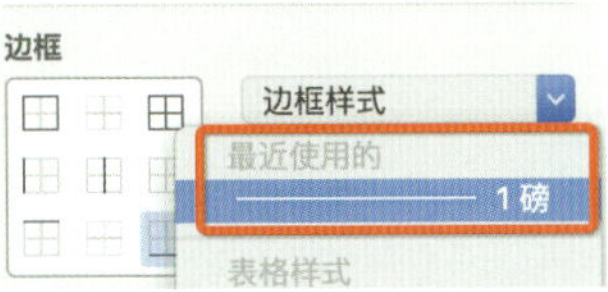

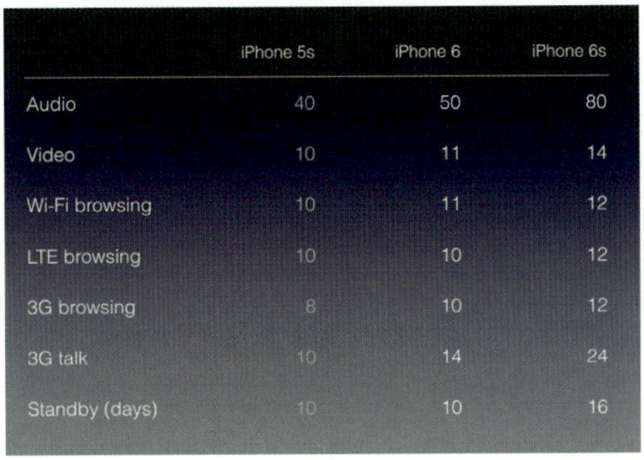

iPhone 5s
iPhone 6
iPhone 6s
Audio 40 50 80
Video 10 11 14
Wi-Fi browsing 10 11 12
LTE browsing 10 10 12
3G browsing 8 10 12
3G talk 10 14 24
Standby (days) 10 10 16

⑬ 可以看到第一行有了底框，用同样的方式，可以把所有的行都添加上底框，完成后如下图所示。

	iPhone 5s	iPhone 6	iPhone 6s
Audio	40	50	80
Video	10	11	14
Wi-Fi browsing	10	11	12
LTE browsing	10	11	12
3G browsing	8	10	12
3G talk	10	14	24
Standby (days)	10	10	16

【视频】接下来Phil继续介绍iPhone 6的更多新功能。大家最关心的，自然是它的摄像头了，这个"凸起"挑战了很多人对于Apple美学的理解。到底为什么这个摄像头要凸起，它又有什么优点呢？

8MP iSight camera
True Tone flash
1.5μ pixels
f/2.2 aperture

首先它的像素依然是800万像素的，并没有出现之前传闻的1200万像素（笔者倒是觉得800万像素足够了）。首先像素多并不一定就是好照片，另外就是像素越多，照片的尺寸就越大，你就要花更多的钱去买存储设备，就要花更多的钱买流量（当你在网络上给好友传输照片的时候）。

其次，iPhone 6的对焦速度是前一代iPhone的两倍，所以能够在拍照的时候非常快地对焦。

iPhone 6 Plus还有一个特殊的功能，就是光学防抖。能够减少拍照时手部的抖动对图片的影响，这是只有高端相机才有的功能。

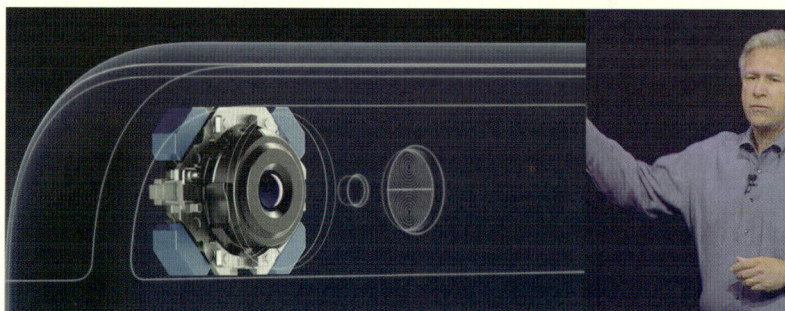

大家可以看到这个镜头的复杂性。要知道实际上这个镜头有超过200个部件。Apple更是有一个超过800人的团队来研究这个小的几乎都快看不见的部件。

iOS 8是iPhone 6和iPhone 6 Plus的标配。

总结一下iPhone 6的一些新的功能：

另外，iPhone第一次有了128GB的版本，并且取消了32GB的版本：

罗列目前整个iPhone产品线：

然后，Tim再次登场：

对于一个产品来说，它不应该是一个各种功能堆砌起来的，而是完整工作的，让用户感受到的。这些产品都有更大的屏幕尺寸，但是不仅仅如此，它们在所有的方面都更好。

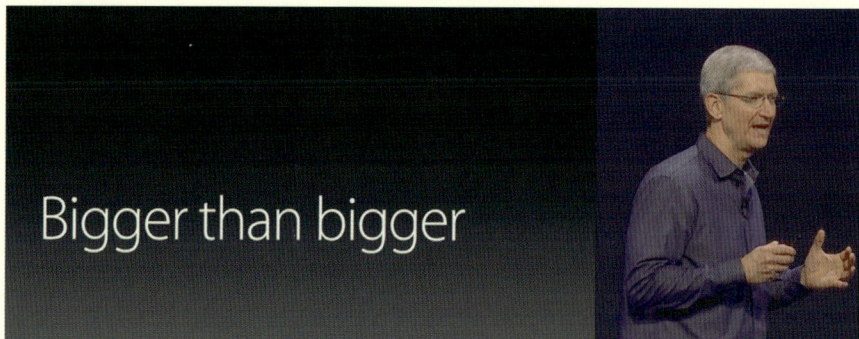

为了表达这一点，Apple找了一些朋友来做了一些很有趣的广告，接下来给大家播放一下。大家一定记得当年姜文、姜武兄弟为中文版广告进行的"大、大、大、大、大、大、大……"，非常有趣。

接下来，Tim说我要介绍一个全新的服务类别，它是关于"钱包"的：

Apple的愿景，是代替这个东西——从支付开始。支付是一个巨大的市场，每一天，美国人都会使用信用卡和借记卡支付120亿美元、2亿笔交易（平均每笔60美元）。

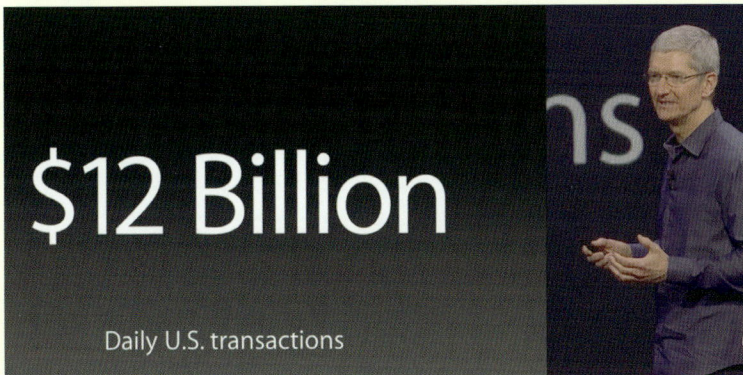

这意味着4万亿美元一年的消费，而这仅仅只是美国。这也意味着每天就有2亿次，人们会去找自己的卡……

麻烦吗？

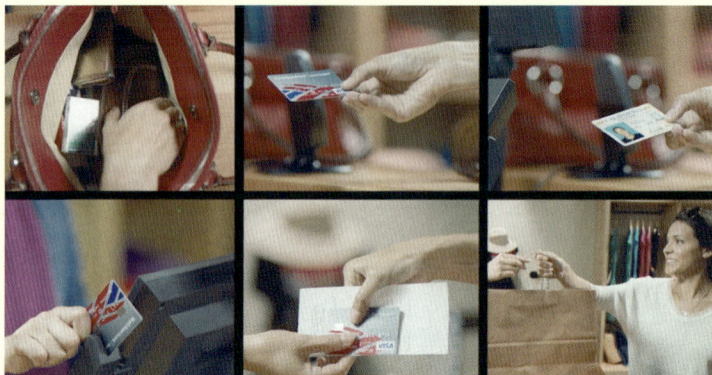

　　曾经有很多人尝试过替代信用卡这种老旧的、不安全的支付方式，但是他们都失败了，都没有让主流社会接受，因为他们很多都是想创造一个以自我为中心的商业模式，而没有考虑到用户体验。

　　这正是Apple最喜欢解决的问题，也是Apple最擅长解决的问题。所以Apple创建了一套全新的支付模式，并且叫它"Apple Pay"：

　　鉴于这是一个软件服务，所以Tim邀请Eddie Cue上台介绍Apple Pay。Eddie Cue一般都是红色衬衣出场：

　　Eddie首先介绍了iPhone使用了NFC技术来实现Apple Pay的效果，这里它使用了一个动画来模拟NFC信号，我们来学习它。

效果4：NFC信号

【视频：47：53】

❶ 放置一个iPhone 6图片在界面中，如下图所示。

❷ 然后制作信号，信号其实是一段弧形，不是一个正常的形状，所以需要进行一些特殊处理。可以把这段弧形简单理解为左侧一段弧形、中间一个线段、右边又一个弧形的连接。为此，先向界面中添加一段弧形，如下图所示。

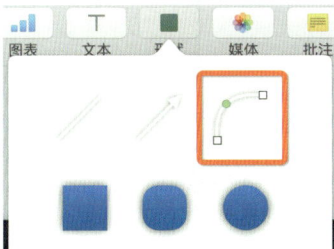

现在界面中如下图所示。

❸ 需要移动弧形的两头手柄和中间的绿色手柄来修改弧形的长度和弧顶的曲率，从而让它与iPhone顶角的弧度曲率相同。添加一个线段，将它与弧形无缝放置在一起，如下图所示。

❹ 将第一段弧度复制一份，选中复制出来的这个新弧形，在右侧选择"格式"→"排列"→"翻转"命令，然后选择向右的箭头，如下图所示。

起始	44.38 厘米 ⌃⌄ X	11.54 厘米 ⌃⌄ Y
结束	41.56 厘米 ⌃⌄ X	8.01 厘米 ⌃⌄ Y

旋转

角度　　　　翻转

连接

直线	曲线	拐点

偏移　　　　0 厘米 ⌃⌄　　　0 厘米 ⌃⌄

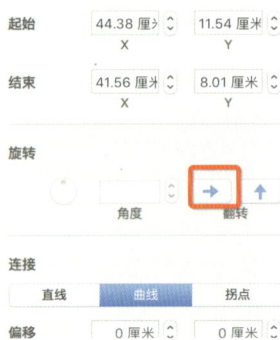

❺ 这时会发现新的弧形进行了一个水平方向的转置。把它接在线段的右侧，完成后如下图所示。

❻ 将这三段形状成组，并且修改为蓝色。

❼ 将整个组合复制粘贴出一个新的形状，将它的尺寸变大，然后稍微调整两侧的弧形线段，形成一个新的形状，如下图所示。

❽ 新线段的填充颜色不变，但是透明度变成了80%。

用同样的方式制作其他的形状。不断降低不透明度，如下图所示。

❾ 现在来添加动画，希望这5个形状一个接一个地出现来模拟信号在传播的效果，所以为它们添加"出现"的动画，如下图所示。

"2""3""4""5"都是"与构件1一起"出现的，但是延迟的时间不一样，"2"是延迟0.05秒，"3"延迟0.1秒，"4"延迟0.15秒，"5"延迟0.2秒。这样，就有一种动画的感觉出现了。

播放幻灯片，就能发现信号被发出了。

【视频】Eddie继续介绍Apple Pay的特点，第一个就是简单。因为已经有大量的用户绑定了他们的信用卡到Apple的iTune Store，现在可以直接把这个卡用于Apple Pay：

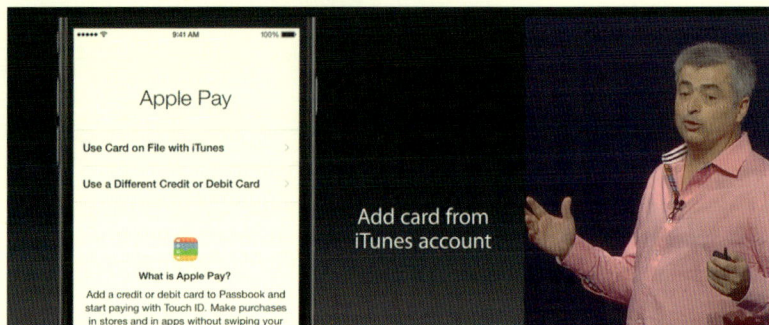

　　添加新卡也很方便，只要用摄像头给你的信用卡拍张照片，就可以直接添加了。添加了信用卡后，每次付款，只要使用Touch ID扫描指纹就好了。

　　第二点是安全。Apple并不存储你的信用卡号，也不会把它给到商家，Apple创建一个仅使用一次的付款号码，加上一个动态的安全码来完成每次的支付。没有人会看到你的信用卡信息。

　　第三点是隐私。Apple并不会收集你的任何信息。所以当你使用Apple Pay的时候，Apple并不知道你买了什么、在哪里买的、花了多少钱。这些信息只是商家知道、银行知道、你知道。收银员也无法知道你的姓名、卡号和你的安全码。

　　这是目前所有支持Apple Pay的商家：

Apple Pay仅能够被使用于iPhone 6和iPhone 6 Plus：

　　然后Tim再次上台。他说其实我们已经说了足够多了，可以结束了。然后Tim说，我们还没有准备结束，我们还有"One More Thing"。这句话，足以让很多Apple的粉丝落泪——这是乔布斯生前给人带来惊喜的一句话，今天被Tim Cook重新演绎了。可以看得出Tim在说这句话的时候还是非常激动的。

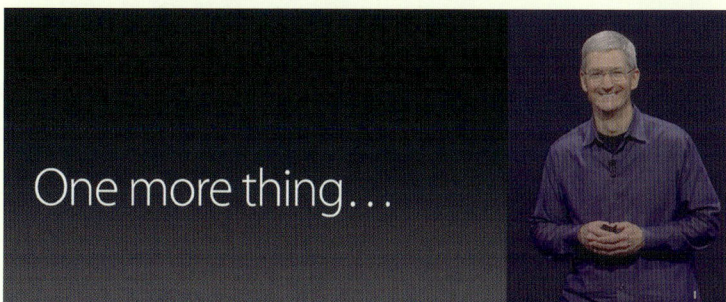

　　"我们喜欢制造伟大的产品，它们极大丰富了人们的生活。我们喜欢整合硬件、软件和服务并让它们无缝合作。我们喜欢让技术更加个性化从而让用户能够做到他们无法想像的事情。我们为了一个全新系列的产品，已经工作了非常久。我们认为这个产品可以重新定义用户对于这个分类产品的期待。我是如此骄傲和兴奋在今天早上给大家分享这个商品，这是Apple历史上的新一个篇章！"

　　然后就出现了如下的画面：

还以为是什么宇宙飞船……还有这个：

看到这里大家明白了吧？而且有这么多样式：

又看到米老鼠了吧？

Apple Watch登场：

全场起立疯狂鼓掌：

"Apple Watch是我们所制造的最个性化的商品！" Tim说道。

每个Apple创造的商品，都会有一个革命性的交互界面！

对于Mac电脑，Apple发明了鼠标来进行交互：

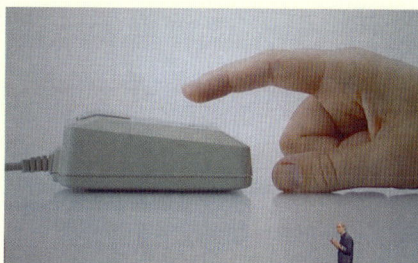

在iPod上面，Apple发明了滚轮：

在iPhone上面，毫无疑问Apple发明了多点触控技术：

对于Apple Watch，Apple重新发明和定义了传统手表上的Crown "表冠"：

接下来，Tim播放了一段由Johnny讲述的Apple Watch的设计故事。

然后Tim邀请Kevin Lynch上台介绍Apple Watch的软件和功能。Kevin Lynch就是那个为了Apple Watch工作了很多年，但是他媳妇一直都不知道他在干什么的那个人……

然后Kevin开始介绍Apple Watch的各种功能，从表盘开始：

还可以发送有趣的表情：

当然也有Siri：

还有地图：

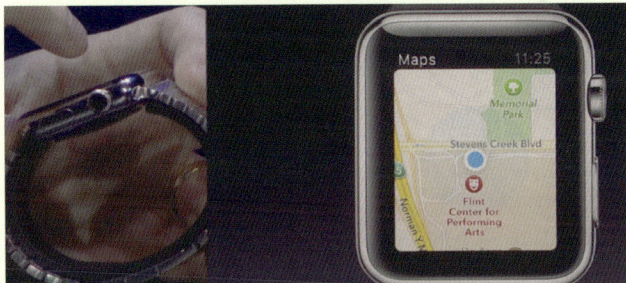

Apple也推出了Watch Kit来帮助开发者开发Watch应用：

Kevin接下来演示了在Apple Watch上出现Twitter通知时候的效果：

下面我们来学习制作这个效果。

效果5：Twitter通知

【时间：1：29：45】

❶ 找到一个Apple Watch的背景，如下图所示。

❷ 然后用一张全黑的矩形来覆盖住中间的屏幕部分，如下图所示。

❸ 找到一张圆形的Twitter Logo，但是这里仅找到一张矩形的Logo，怎么把它做成圆形的呢？先把这张Twitter的方形Logo放置到界面中，如下图所示。

❹ 选中这张图片，在工具栏中选择"格式"→"图像"→"用形状进行遮罩"→"椭圆形"命令，如下图所示。

❺ 界面中会出现一个白色的圆形，这个白色的圆形就是用来遮罩原图的圆形。可以调整这个圆形的尺寸和位置，让它覆盖在Twitter Logo上面，如下图所示。

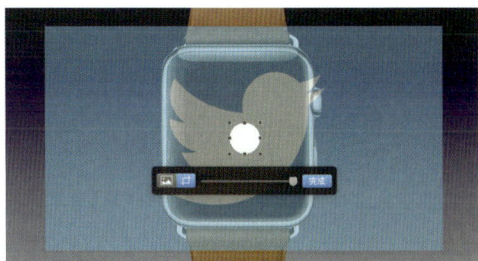

❻ 调整好后，选择"完成"，就可以看到获得了一个圆形的Twitter Logo，如下图所示。

❼ 调整这个Logo的大小，把它放置在表盘中并添加文本，如下图所示。

❽ 现在看起来是不是挺逼真的？下面为它添加动画。能够看出图标和文字是飞入进来的，但是不是从Keynote的外边缘飞入，而是从表盘的边缘飞入进来的。所以要先想办法隐藏Logo和文字，然后在移动过程中让其再出现。为此，选中Logo，然后选择"格式"→"样式"→"不透明度"命令，将其设置为"0"，所以Logo就"消失"了。

❾ 选中这个消失的Logo，将它的位置向下移动一些，然后为它添加"移到"动画效果。移到的位置就是向下移动之前Twitter Logo的位置。看起来如下图所示。

❿ 单击红色加号，设置"不透明"。这样在移动过程中，就会同时改变物体的透明度，这里将不透明设置为100%，如下图所示。

⑪ 打开"构件顺序"窗口，将不透明和移到设置为同时发生，如下图所示。

	构件顺序	
1	pasted-image.png	移到
2	pasted-image.png	不透明

⑫ 完成后预览会发现，Twitter的Logo突然移动着出现了，但是时间有点长，把持续时间修改为"0.5秒"（"移动"和"不透明"都是）。

⑬ 用同样方式处理两个文本，让它们也是边移动边改变透明度而出现。完成后，构件顺序窗口如下图所示。

	构件顺序	
1	pasted-image.png	移到
2	pasted-image.png	不透明
3	New Tweet	移到
4	New Tweet	不透明
5	TWITTER	移到
6	TWITTER	不透明

起始	延迟
⌄	⌄

预览 ▶

需要它们同时发生。播放Keynote，就能够发现我们收到Twitter Message了。

⑭ 接下来制作信息的详细内容。要使用"神奇移动"进行一下过渡。先复制一个新的幻灯片出来，在新的幻灯片里面，将除了Twitter Logo的其他文本都删掉，然后将Logo的所有动画都去除，透明度也调整为100%，再调整Logo的位置，如下图所示。

⑮ 添加时间到Logo的右侧，如下图所示。

⑯ 再添加一张火烧云的图片到界面中。注意这张图片是圆角的，怎么将一张直角的图片变成圆角的呢？方法就是刚学会的，用一个圆角矩形进行遮罩就可以了。添加完图片和文字后如下图所示。

⓱ 是不是已经很逼真了？最后添加Twitter用户的头像和用户名称，如下图所示。

接下来用同样方式为火烧云的照片、文本、Twitter头像和用户名添加移动和改变透明度的动画，就像上一张幻灯片一样。但是要设置"构件1"的出现时间为"过渡后"，这样，通过"神奇移动"过渡后就会自动开始播放动画，不用再次单击鼠标了，如下图所示。

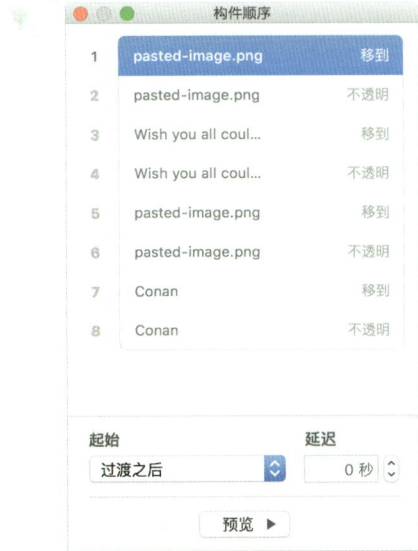

至此效果全部完成。

【视频】Kevin介绍了一些即将出现在Apple Watch上的精彩应用后，邀请Tim重新上台。Tim接下来着重介绍Watch的"健康和健身"应用。Watch可以帮助人们变得更加积极地去变得更加健康。

Apple Watch有两个健康应用，一个是"Activity"，一个是"Workout"。Fitness用来记录日常的活动，而Workout用于记录特定的健身运动。

Activity App可以跟踪你的活动、锻炼和站立：

而Workout App可以测量更加复杂的运动，比如跑步、骑自行车等：

介绍完这些，Tim要做总结陈词了。

现在，Apple的基础建立在世界上最好的个人电脑——Mac，世界上最好的平板电脑——iPad，世界上最好的手机——iPhone和Apple创建的最个性化的产品——Apple Watch。

除此之外，我们还有另外一件很重要的事情，就是音乐。音乐一直深深植入在Apple的DNA中，也是很多Apple产品的核心。很久以前，我们开始了跟一个世界上最著名乐队的缘分，这个乐队就是U2。

U2今天会在现场表演！

【总结】

　　iPhone 6和iPhone 6 Plus在第一个周末销售了1000万部，轻松打破了iPhone 5s的记录。这是Apple历史上第一次推出大屏手机。一方面顺应市场，一方面又纠结于"最适合人手持的尺寸"，Apple折中地推出了两个尺寸，这也体现了Apple的两难。在一个新产品的初期，人们会惊讶于这个产品的创新从而完全为其独创的设计所折服，所以虽然开始的几代iPhone有这样那样不完美的问题，但是大家仍然趋之若鹜（想像一下如果iPhone 6出了天线问题会造成多恐怖的问题）。

　　随着产品的趋于成熟，用户开始以"高手"和"内行"自居，所以开始有更加明确的期待，这种期待会造成趋势。再加上竞争对手的投入，大屏、多核开始弥漫市场。在这种情况下，完全置身事外是任何一家公司都无法做到的，这不是乔布斯还在不在的问题，这是一个人活着就会变老的问题。所以我们看到Apple的"挣扎"。它仍然执拗地推出小尺寸的iPhone 6，仍然执拗地推出"单手模式"功能。因为它明白大屏真的不好用、真的不"高效"、真的"点不到"，所以Apple选择"顺应市场而坚持己见"。其实Apple并未随波逐流（至少没有迷失），但是也无法坐地成佛。让我们想起那句话"改变能改变的，接受不能改变的，用智慧去区分两者！"。所以不必太纠结于乔布斯在还是不在吧。不要忘了，iPod可也是在乔布斯的领导下演化出了无数的品种、无数的颜色、无数的尺寸。

Chapter 9
2015 年iPhone 6s 发布会

扫码看视频

【视频】2015年，Tim Cook经典的"Good Morning"开场：

场面变得更加庞大。今年使用了Bill Graham Civic Auditorium：

Tim说我们在过去一年的表现让人难以置信，但是今天我们还是有一些"怪兽"级别的产品要发布。我们会有忙碌的一天，我们实在没时间说其他新闻了，让我们直接说说Apple Watch吧。

总之，用户喜欢Apple Watch，他们惊讶于仅用自己的声音就可以通过Apple Watch做到如此多的事情，他们喜欢通过Apple Watch使用Apple Pay进行支付：

在这个时候，没有什么比引用一个用户的话最合适的了：

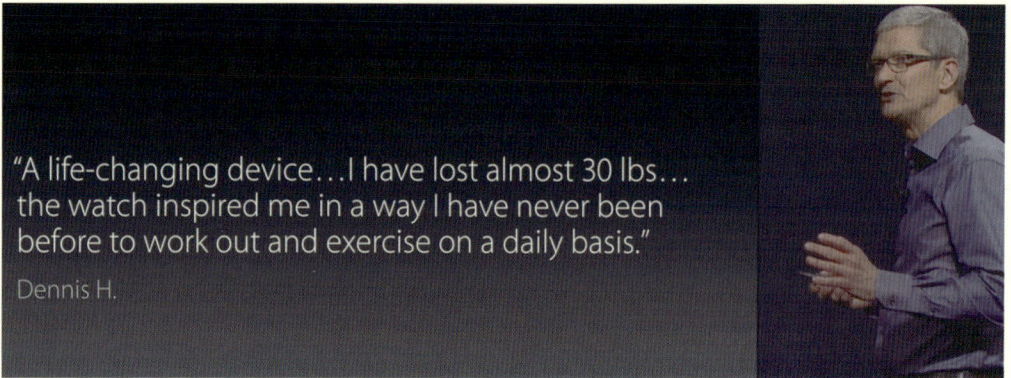

"A life-changing device…I have lost almost 30 lbs…
the watch inspired me in a way I have never been
before to work out and exercise on a daily basis."
Dennis H.

　　"一个能改变你一生的设备……我几乎减掉了30磅……Apple Watch 一直以一种前所未有的方式激励我每天进行健身和锻炼。"

　　接下来Tim邀请Jeff上台讲下一步的创新方向。Jeff 刚被升职为Apple的COO。

　　Jeff先介绍了Apple立刻要推出的Watch OS2，然后有一个在表盘中播放视频的演示，我们来学习这个效果。

效果1：添加Apple Watch视频

【时间：3：48】

New faces

　　这个技术其实是在Keynote中播放视频。我们可以把这个效果理解为外面是一个表壳，然后中间是一个视频，合并在一起，就好像是手表在播放视频一样。

❶ 首先放置一个表壳图片在界面中，这个表壳可以在
Apple 的官网获得，如下图所示。

❷ 然后向 Keynote 中添加一个视频，这个视频是提前
找好的，是一个 MP4 格式的视频。视频的宽高比例是
跟 Apple Watch 表盘的宽高比一致的。视频添加到界
面中后，如下图所示。

❸ 调整视频的位置和尺寸，让它刚好置于表盘之上，
如下图所示。

选中视频，在右侧选择动画效果，就能看到有一
个 "开始播放影片" 的动画被自动添加了。单击 "构
件顺序"，打开 "构件顺序" 对话框，然后将开始播
放影片修改为 "过渡后"。这样在切换幻灯片后，视
频就自动开始播放了，如下图所示。

【视频】Jeff 接下来介绍了第三方的表盘：

比如可以直接在表盘上显示最新的CNN新闻和航班的起飞时间。

第二项是可以转动Digital Crown来进行"时间旅行"，看到自己过去和未来的安排。

第三项是在地图上添加了公共交通换乘信息。

仅仅几个月，已经有了10000个Apple Watch的应用：

Jeff 接下来邀请了AirStrip公司上台演示他们的应用。（大家可以关注一下这个公司，他们做的事情确实非常的牛。他们的软件，通过Apple Watch，可以让医生、护士和病人进行实时沟通。通过病人佩戴的Apple Watch，他们可以实时获得心跳、血压和病人的病例从而进行诊断。）

一个更好的例子是远程对孕妇进行妈妈心跳和婴儿心跳的测量和评估（绿色是妈妈的心跳，粉色是婴儿的心跳）：

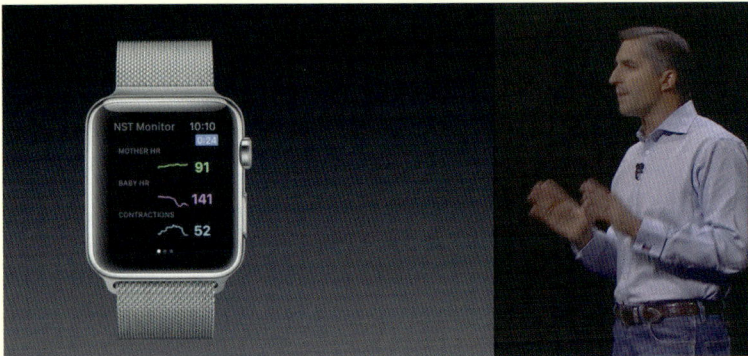

医生远程获得这些信息后，就可以诊断，然后远程发送给孕妇诊断结果和下一步的指示。

接下来自然是爱马仕版本的Apple Watch了，非常漂亮：

同时，Apple也发布了两款新的Apple Watch Sport（金色和玫瑰金色）：

然后Tim重回讲台，接下来要讲述iPad了。Tim的问题是"我们如何让iPad更近一步？"。今天，我们会有自从iPad面世以来最大的iPad新闻要发布：

iPad Pro登场！

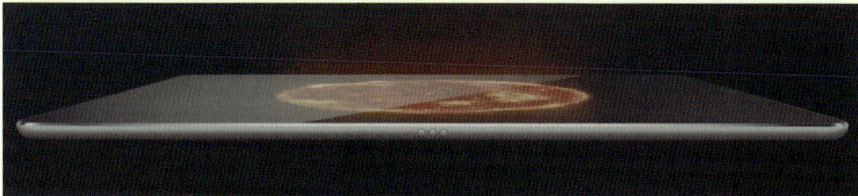

具体的iPad Pro细节，将由Phil Schiller介绍，Phil上台。

Phil在介绍iPad Pro尺寸的时候，将它与iPad Air 2进行对比，并且表示iPad Pro的宽度其实刚好就是iPad Air 2 的高度。为了说明这个观点，Phil对iPad Pro进行了旋转。下面我们来学习这个效果。

效果2：iPad Pro的旋转

【时间：20：38】

❶ 首先放置一张iPad Pro的图片和一张iPad Air的图片在界面中，如下图所示。

❷ 希望iPad Pro逆时针旋转90度，横向覆盖在iPad Air上，从而让大家明白iPad Pro的宽度是跟iPad Air的高度一致。也就是说完成后如下图所示。

❸ 这个效果只能想到使用"神奇移动"来制作了，将iPad Air变成一个白色的线框，这个线框就是iPad Air的触摸屏部分。复制iPad Pro和iPad Air的那张幻灯片，然后拖曳一个矩形控件到界面中，调整它的大小和位置，让它覆盖住iPad Air的屏幕，然后将它的"填

充"设置为"无填充"，"边框"设置为"线条"，如下图所示。

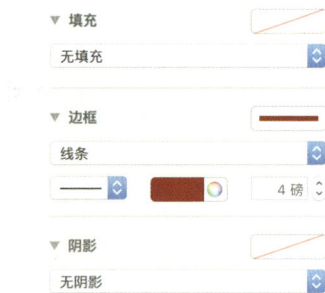

❹ 界面现在看起来如下图所示。

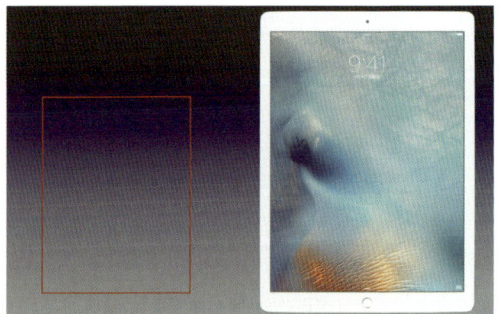

❺ 再次复制这张幻灯片，在新的幻灯片中将红色矩形的尺寸调大，并且改变它的位置，然后，选中iPad Pro图片，在右侧选择"格式"→"排列"→"旋转"命令，然后将"角度"设置为90度，这个时候能够看到iPad Pro"倒"了下来，接着调整iPad Pro的尺寸，让它的屏幕高度刚好与红色矩形齐平，如下图所示。

❻ 再回到这张幻灯片，如下图所示。

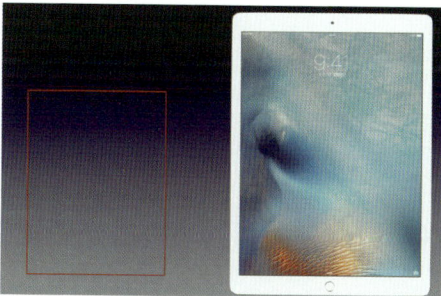

❼ 为它添加一个"神奇移动"的效果就好了。将神奇移动的参数做如下图所示处理。

　　这样，当从第一张幻灯片变到第二张幻灯片后，它就会自动启动"神奇移动"切换到第三张幻灯片了。

【视频】接下来看一张已经会制作的iPad的性能进化图：

iPad Pro绝对可以拿来当电脑用，因为它：

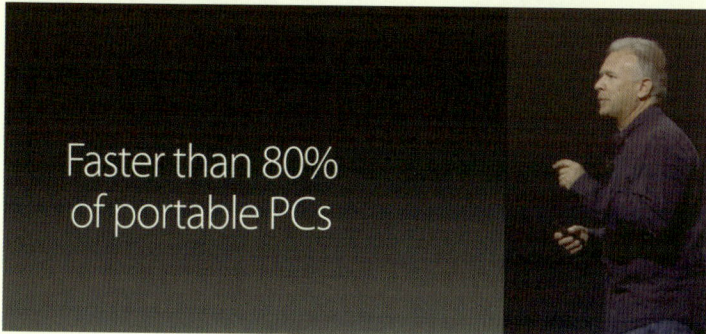

比市面上80%的便携电脑都要快！

iPad Pro有四个喇叭，可以创造出立体声效果：

Apple也设计了物理键盘：Apple Smart Keyboard：

当然，还有为了更精确的操作，Apple推出了Apple Pencil。

　　Apple Pencil仅能够使用在iPad Pro上。确实对于小的iPad和iPhone来说，手指依然是最好的。

　　为了演示iPad Pro的强大，Apple决定请一些开发者来演示他们的应用是如何在iPad Pro上被使用的。第一个被请上台的是微软，是的，你没有看错，是Apple的老对手微软。原因很简单：在企业和PC上用的最多的软件就是微软的Office系列。iPad Pro的目标用户就是商业用户、企业用户和专业人士，如果不能让Office在iPad Pro上面能够被简单的使用，那么就会限制iPad Pro的流行。

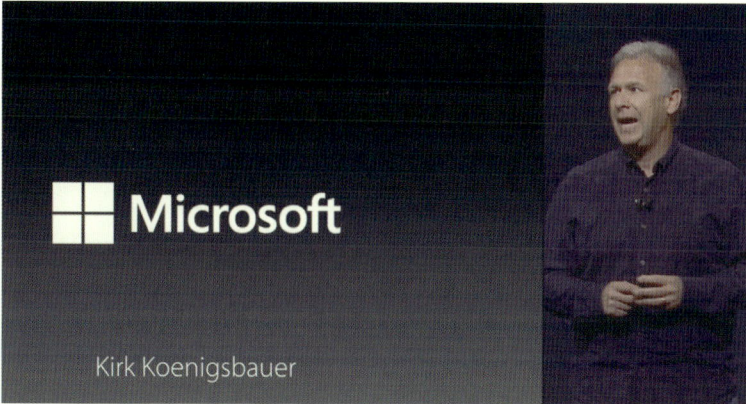

所以，就让我们来看看iPad Pro上面功能强大的Office系列吧：

　　第二个演讲者，也是Apple的老"对手"——Adobe。大家都知道iOS是不支持Adode Flash的，这几乎直接造成了Flash的陨落。但是今天，为了共同的利益，大家又走到一起来了。Adobe依然是图形创意方面的先驱，所以Adobe的Eric Snowden登台介绍三个Adobe的新软件。

　　第一个是Adobe Comp，它是一个非常强大的Wireframe工具，能够使用简单的手指操作，制作出一个简单地高保真线框图。

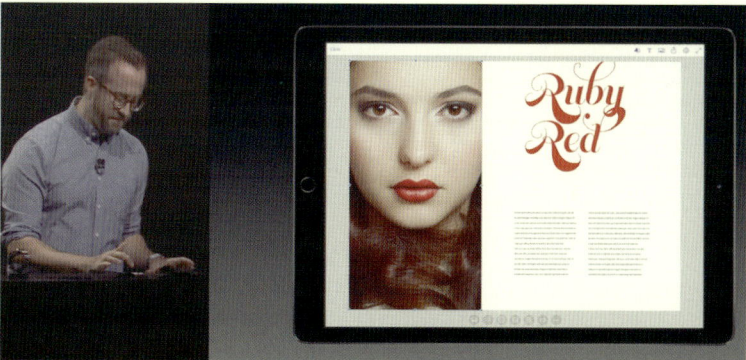

　　接下来Eric觉得这张照片中的模特的笑容不够热情，所以他要用另外一个应用来让模特更开心一点。

　　第二个应用是Adobe Photoshop Fix。这个应用可以让我们非常容易地处理和编辑图片。Photoshop Fix集成了面部识别功能，所以当我们将模特的照片拖曳到Fix中后，它就会自动识别出模特的脸：

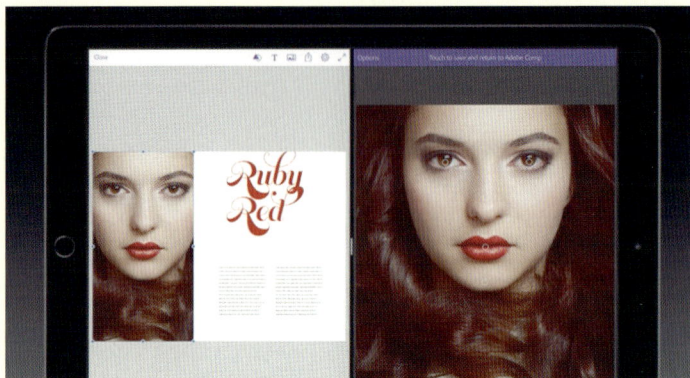

　　大家可以看到右侧图片中，模特的眼睛、嘴唇、鼻子、下巴和面颊上已经出现了可以选择的手柄。我们可以单击这些手柄对相应的"五官"进行操作：

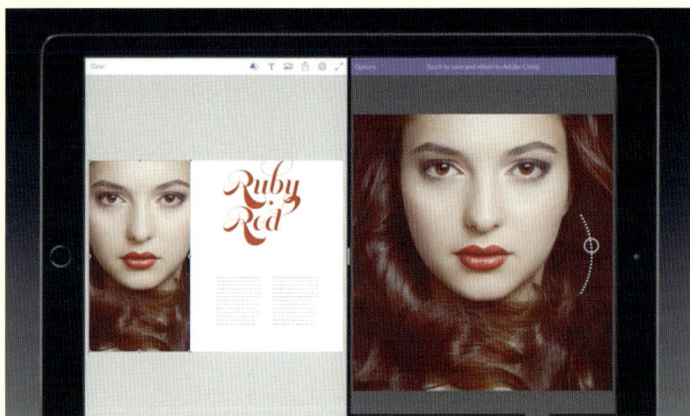

　　比如这里我们选择了嘴唇，通过拖曳右侧的滑竿，我们可以调整模特的嘴角和嘴唇的角度。现在，对比左右两侧的照片，是不是可以看到模特笑得更开心了？

　　最后一个应用是Adobe Sketch，是用来画草图的软件。

最后一个演示的人，自然要能够体现iPad Pro的强大芯片和图形图像能力。所以，没有什么比一家游戏公司更加合适了。但是，今天大家都想错了，没有游戏公司。不要忘了iPad Pro的目标用户不是游戏爱好者，而是专业用户和商业用户。所以，第三家公司是3D4Medical——一家专注于医疗解剖图像的公司，能够通过他们的人体图像，来加深和简化病人和医生之间的沟通。

比如说，病人膝盖有问题，现在你可以用3D的图形告诉他哪里有问题：

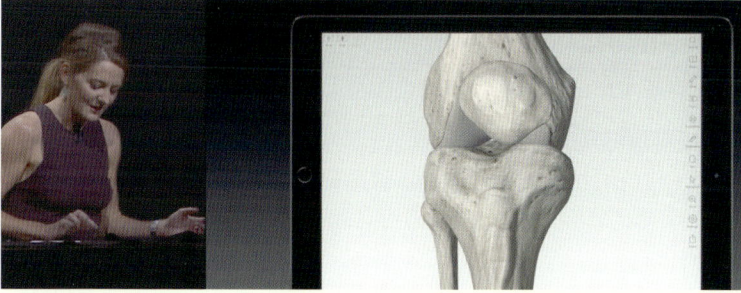

新的iPad家族全家福：

接下来，Tim要说一个更大的屏幕：Apple TV

现在有更多的电视内容被创建出来，所以现在真的是电视的黄金时代。（想想确实也是，以前能有这么多人一起看一个电视剧吗？甚至看美国人看的电视剧吗？）

奇怪的是，电视的体验已经几十年没有变化过了。（看到这里很多人激动了起来）。尤其是当移动时代被iPhone和iPad改变，电视却基本上是原地踏步：

接下来Tim展示了一个Apple标准的TV到底要有哪些基础功能，使用了一个列表，下面我们来学习制作这个列表。

效果3：动态的列表

【时间：55：00】

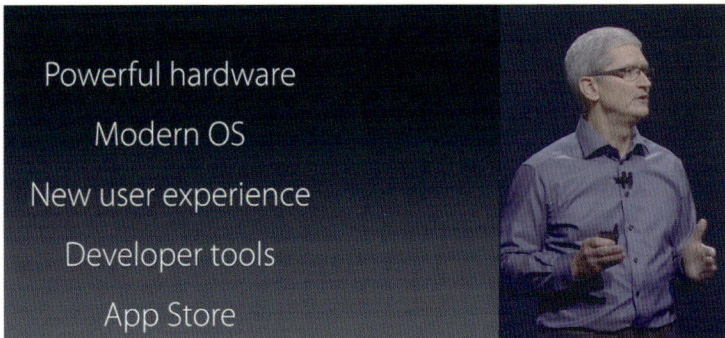

这个列表的特殊之处在于它不是以一个列表开始的，而是一个一个条目添加进来，之前添加的条目会移开为新来的条目留出位置。

❶ 先向界面中添加一个条目"Powerful hardware"，如下图所示。

❷ 复制这个图片，在新的幻灯片中，将"Powerful hardware"的字体变小，调整它的位置，并且添加一个新的条目"Modern OS"，如下图所示。

❸ 回到第一张幻灯片，为它添加"神奇移动"。这样，就会看到列表从一个条目自然过渡到了两个条目。然后将第二张幻灯片复制一下，同样减小字体尺寸、调整位置，添加第三个条目"New user experience"，如下图所示。

Powerful hardware

Modern OS

New user experience

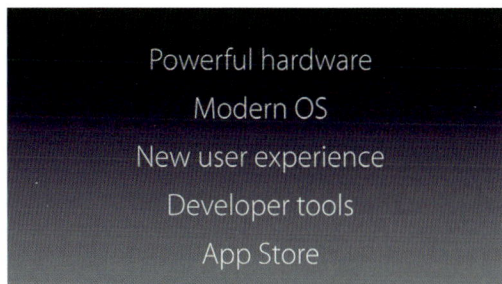

Powerful hardware

Modern OS

New user experience

Developer tools

App Store

❹ 回到第二张幻灯片，为它添加"神奇移动"！以此类推，直到最后一张幻灯片添加了全部的5个条目，如下图所示。

播放幻灯片，就可以看到有了一个会不断自适应新加入条目的列表。

【视频】接下来Tim邀请Eddie Cue上台介绍新的Apple TV。

新版Apple TV比之前的版本尺寸要高一些，而且还有了全新的遥控器。

Apple TV一个很显著的特点就是支持了Siri，而且支持得特别好。因为在"电视、电影和音乐"这个大背景下，Siri更容易了解到你在说些什么。现在你可以简单的说"给我看007的电影！"

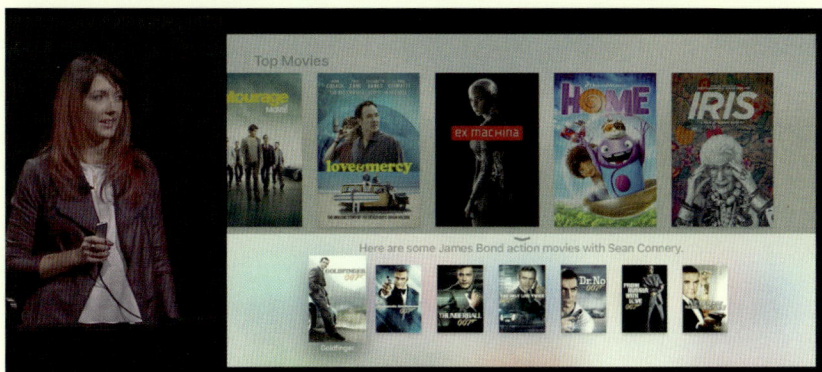

你还可以直接问Siri你在手机上问的问题，比如天气：

现在除了iOS、Watch OS之外，又多了一个tvOS：

从此TV也进入App时代。

既然有了App，那么自然就可以在Apple TV上玩游戏了。所以Eddie邀请游戏公司——HIPSTER WHALE公司（中文意思为"时髦鲸鱼"）上台介绍他们在Apple TV上开发的游戏。

当然，你现在也可以在客厅购物了，奢侈品电商GILT已经支持Apple TV了：

更棒的是，现在你只要购买一次，就可以在Apple TV、iPad、iPhone上使用同一个App：

Apple TV现在也使用了A8芯片了！64位的。这估计是所有盒子中硬件性能最强的设备了。
最后，iPhone终于来了：

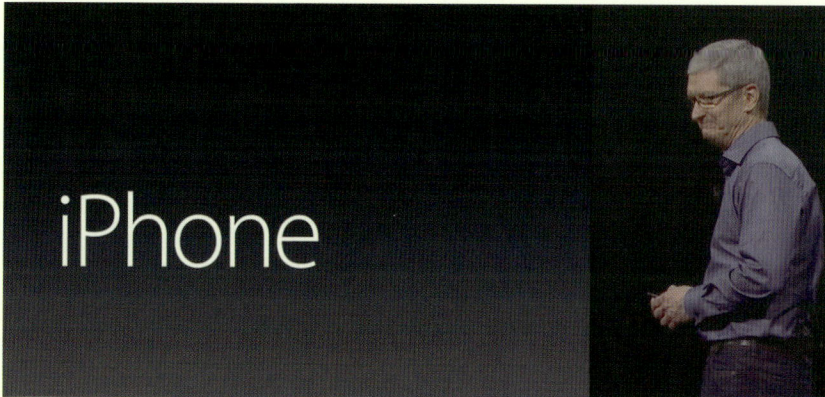

iPhone的增长率，在世界范围，是除去iPhone外其他智能手机得3倍多：

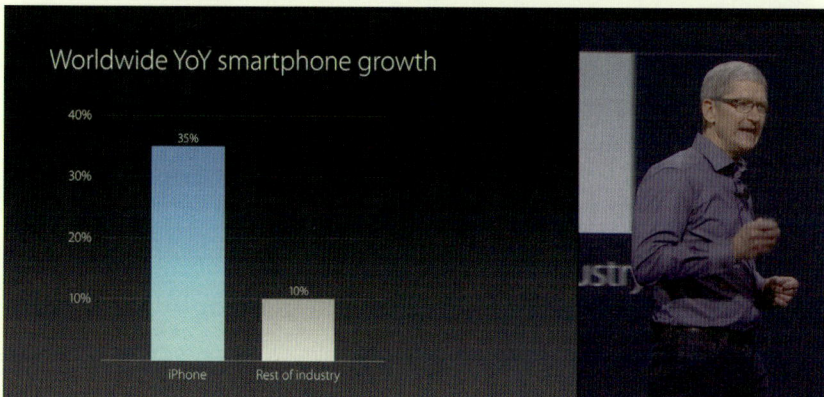

中国呢？增长率更是惊人！

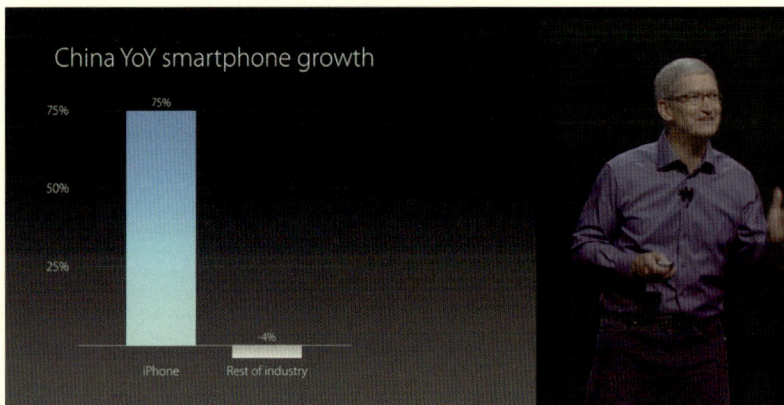

接下来Tim说iPhone 6s是"The most popular iPhone"，然后一单击，就变成了其实iPhone 6s是"The most popular phone"。iPhone和phone进行了一次翻转变换。下面我们来学习这个效果。

效果4：翻转的文字

【视频：1：23：49】

❶ 先向界面中添加四个文本控件，分别修改文字为"The""most""popular""iPhone"。完成后如下图所示。

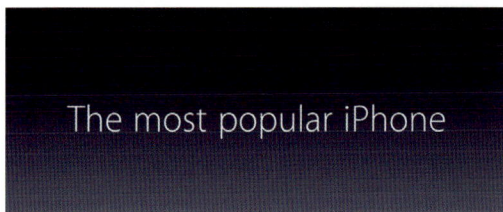

❷ 我们希望在单击后，iPhone能够"翻个身儿"消失掉，然后一个"phone"的文字"翻个身儿"出现了。为此，单击"iPhone"，为它添加一个"翻转"

的构件消失动画，如下图所示。

注意取消"弹跳"前面的复选框。

这个时候播放幻灯片，就可以看到iPhone"翻个身儿"消失了。

❸ 接下来，我们需要"phone""翻个身儿"出来。为此，在iPhone的同样位置上，添加一个"phone"的新的文本，然后为它添加如下的翻转"构件出现"的动画，如下图所示。

❹ 打开"构件顺序"对话框，将两个动画设置为"与构件1一起"出现。

播放幻灯片，就会发现一单击，iPhone就变成了phone。

构件出现	动作	构件消失

翻转

更改　　预览 ▶

持续时间与方向

1.00 秒

→ 从左到右

☐ 弹跳

文本播放方式

按对象

【视频】全新iPhone 6s登场：

接下来Phil继续！

首先机壳的铝，是航空铝材质，当然，有四种颜色：

3D Touch登场：

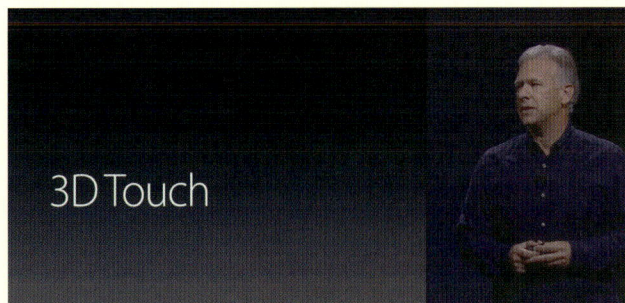

　　有了3D touch，iPhone可以识别你单击的力度，从而提供新的交互效果。比如你使劲按屏幕上的电话按钮，就可以调出如下菜单，不用打开通讯录就可以直接向最近的联系人通话：

　　听歌也可以直接打开歌单：

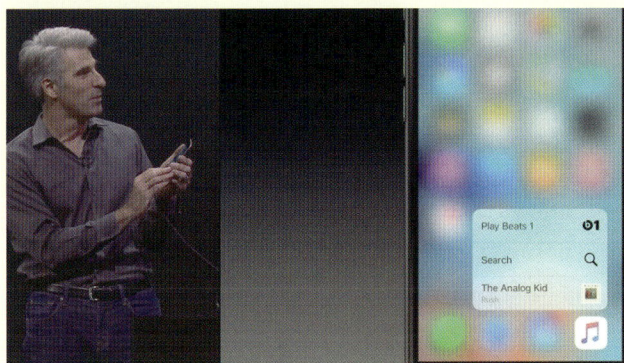

　　现在自拍变得更加简单，不用打开相机再选择切换镜头。而是使劲按下相机App，第一个选项就是"自拍"：

微信！

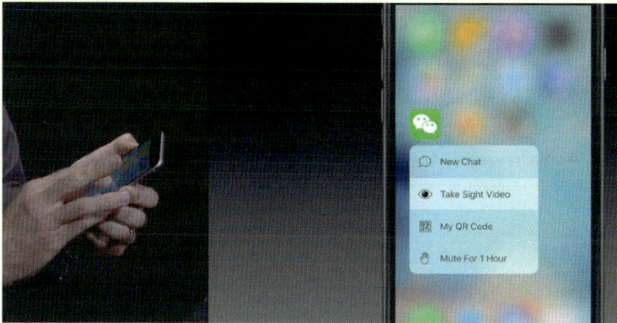

然后Phil重新上台，介绍iPhone 6s强大的芯片功能。对了，让我们再找一个游戏公司来说明芯片的强大吧：

Pixeltoys的游戏真的非常宏大，绝对是桌面级别的体验：

iPhone 6s 也终于迎来了1200万像素的iSight摄像头：

接下来Phil演示了一张iPhone 6s拍摄的全景照片：

然后他单击后，整个照片被放大，并且缓缓移动，下面我们来学习这个效果。

效果5：放大的图片

【时间：1：47：54】

❶ 首先添加一张全景图片到界面中。（这张全景图片由笔者拍摄于新加坡的环球影城。）如下图所示。

❷ 又要使用"神奇移动"来制作这个效果了。复制这张幻灯片，然后调整图片大小，让图片的高度跟整个舞台区域的高度一致，如下图所示。

❸ 为这个图片添加一个自动向左移动的动画。选中图片，单击"动画效果"→"动作"→"移到"命令，然后

将图片移动到最左侧，如下图所示。

　　时间设定为10秒钟。

❹ 然后，打开"构件顺序"对话框，将动画设置为"过渡之后"。

　　回到第一张幻灯片，为它添加"神奇移动"过渡效果。大功告成！

【视频】现在当你用前置摄像头自拍的时候，你的屏幕会闪烁被当做闪光灯。这真是一个天才的想法，让你觉得本来就应该这样，有这么大一个屏幕放着不用？

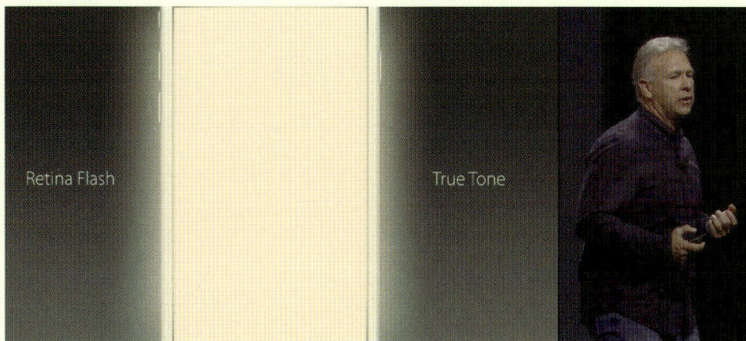

iPhone 6s上最大的更新就是Live Photo，中文叫"活动的图片"。让人想起哈利波特电影里面的照片，

人都是活动的。

对于这样一张看似静止的图片，只要你使劲按压它，它就会动起来：

因为在拍照的时候，iPhone 6s自动将拍照瞬间前后的1.5秒录制下来，从而形成一个3秒的小视频，也就是一张"动起来的"照片。动态照片在所有的设备上都可以查看：

接下来Phil让iPhone 6s排列成阵列了，我们来学习这个效果。

效果6：iPhone 6s阵列

【时间：1：54：59】

开始的时候是这样的：

单击后变成这样：

❶ 添加5个iPhone 6s的图片，罗列如下图所示。

❷ 让最左边的图片在最上面，将其他四张都"藏"在它后面，如下图所示。

❸ 希望在单击后，后面的iPhone们能移动出来，所以先将第一个iPhone放在一边，选中第二个iPhone，我们希望它向左移动，同时变小。选中它，添加一个"移到"的动画，如下图所示。

❹ 单击下面的加号，在弹出菜单中选择"放大"，然后会有一个半透明的iPhone出现，将它缩小。实际上是用"放大"这个效果来做"缩小"的效果，如下图所示。

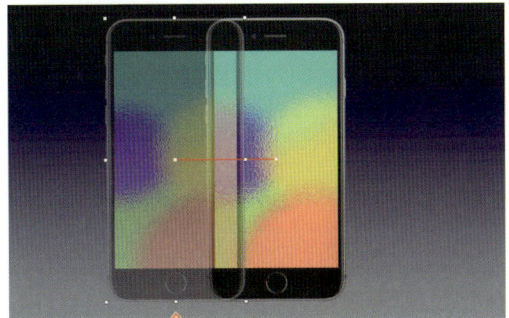

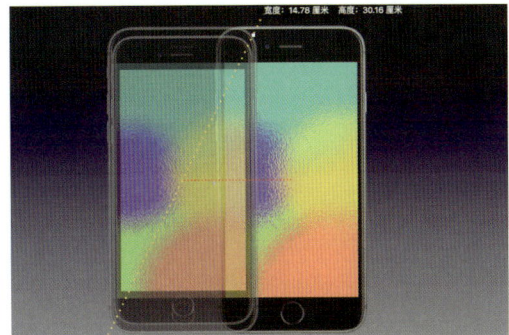

❺ 单击"构件顺序"按钮，出现如下图所示的弹出窗口。

将"移到"和"放大"设置为"同时发生"，这样，就会看到这个iPhone边移动边变大。

然后把这个已经做好的iPhone移动到一边，接着处理下一个iPhone。

❻ 为了方便接下来的这一个iPhone移动到刚才处理的那个iPhone的左边，需要添加一些辅助线，如下图所示。

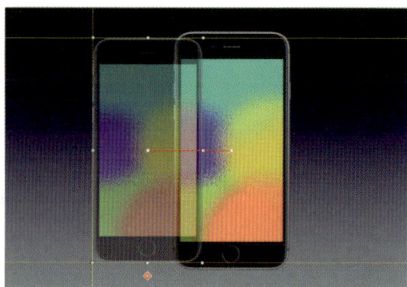

❼ 添加辅助线的方法是首先单击"显示"菜单，选中"显示标尺"，如下图所示。

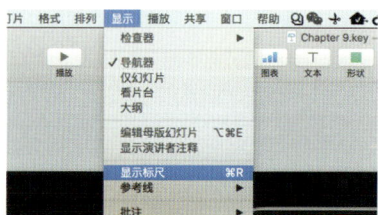

❽ 这个时候标尺就会显示在界面中，在标尺内按住鼠标，拖曳，就可以拖曳出一条辅助线，可以帮助对齐各种控件，如下图所示。

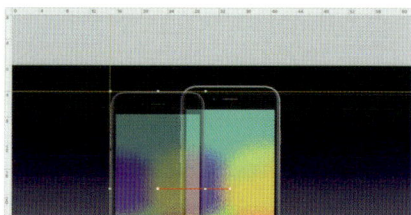

❾ 回到要处理的第二个iPhone，用同样的方式，让它向左移动，并且变小，如下图所示。

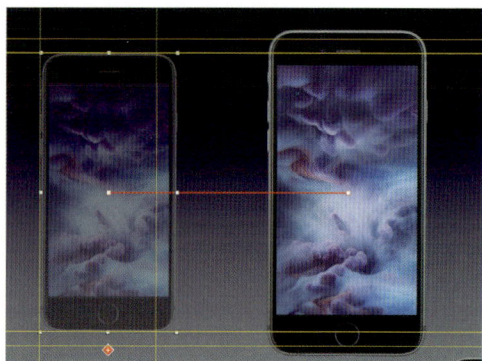

❿ 再次打开"构件顺序"窗口，将目前的四个动作设置为"同时发生"，如下图所示。

⓫ 播放一下幻灯片，就会看到第二个和第三个iPhone同时向左移动，并且一前一后地变小排列着，如下图所示。

⓬ 用几乎完全相同的方式，让剩下的两个iPhone向右移动。全部完成后，让所有iPhone的动作都"同时发生"，如下图所示。

⓭ 播放就能看到两个iPhone向左移动并且变小，两个iPhone向右移动并且变小，形成一个非常有层次的排列，如下图所示。

【视频】更加出人意料的是，Apple推出了Android手机迁移工具。如果你之前是一个Android手机用户，那么现在只要安装了这个工具，就能够将Android手机上的重要信息很方便地移动到iPhone上：

好了，新的iPhone全家福：

Apple也宣布了iPhone Upgrade Program：

Tim重新登台，播放一个新的iPhone 6s的广告：

唯一的不同，是处处都不同。

要说明中国市场有多重要？最后一个定格图片是上海！

跟去年一样，Tim邀请了OneRepublic乐队上台表演：

一首非常好听的Counting Start。

【总结】

依然是s年，但是iPhone 6s仍然取得了巨大的成功和市场反响，1300万台的首周末预定量，超出了iPhone 6的1000万台。整个智能手机市场也许在放缓增速，但是iPhone仍然是最好的手机，这个毫无疑问。无论从硬件还是软件，Apple都在变得炉火纯青。他们几乎已经到了可以随意地在已经极小的空间内挤出无限的想象力。屏幕用作摄像头，3D Touch给出了另外一个维度的交互，让游戏变得更加有趣，更加强大的Siri和引人入胜的Live Photo……无论大家再怎么挑剔，Apple都交出了一份让人闭嘴的答卷。

但是整体上，大家可以看出在今年的发布会上，iPhone已经不再是唯一的主角：Apple Watch的持续改进，iPad Pro的震撼以及其实是划时代但是又容易让人忽视的Apple TV。Apple Watch引领了可穿戴设备的市场，也许他还不够完美，但是未来人们总会需要类似的设备，尤其是在医疗和健康方面的空间实在太大了，也许以后医生真的就通过智能设备远程诊断了，你还能不来一台？

曾经大家都在期待Apple推出真的电视机，但是Apple没有贸然这么做。也许他们认为对于电视这个东西来说，80％就是屏幕，屏幕已经足够好了，因为不需要触摸屏，但是差的是软件、是应用。所以，Apple TV将应用和内容带到了任何一台普通电视机上。然后，你会像使用iPad和iPhone上的App Store一样，通过Apple TV不断购买软件和服务，这比贸然进入一个高投入的行业要好得多。

也许我们会慢慢发现，iPhone变得越来越好，却越来越平常，但不知不觉，你使用上了Apple的各种服务和软件。

One More Thing

关于Apple发布会，大家一定还有很多疑问。本节就以问答的形式来一一介绍。因为笔者也从未有幸亲临现场，所以也是通过网络上收集各种知识和自己的揣摩来回答，如有出入，也希望读者不吝赐教。

1. 如何制作那些产品的翻转效果？

很不幸这些效果不是通过Keynote制作的，而是视频。Keynote支持MP4视频格式，可以事先排好背景色为白色或者黑色的视频，然后引入到Keynote中使用。在本节的幻灯片中，我们将iPhone 6.mp4导入到幻灯片中。导入的方式非常简单，只要选中iPhone 6.mp4文件，复制，然后再在Keynote中粘贴，就可以把视频导入进来了，如下图所示。

单击中间的播放按钮就可以开始播放视频。

选中这个视频，在右侧选择"动画效果"→"构件出现"命令，可以看到Keynote自动为视频添加了一个开始播放影片的效果。

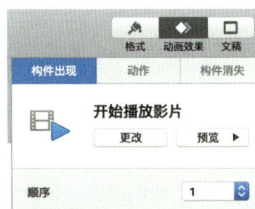

然后单击"构件顺序"按钮，出现如下所示的窗口。

在这里可以选择如何播放视频，是在点按时还是在切换结束后。

播放这个视频，就能看到我们让iPhone开始了翻转。

2. 如何显示演讲者注释？

演讲者注释是演讲者在演讲时，当观众从投影屏幕上看演讲内容时，演讲者可以从提词机上看到的内容。回到幻灯片中，选择"显示"→"显示演讲者注释"命令，如下图所示。

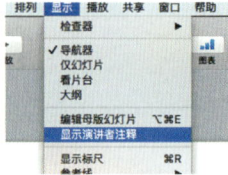

然后就可以看到在幻灯片舞台区域的下方出现了一些白色区域，可以输入文字。这就是添加注释的地方，是用来给演讲者提词用的。比如你要讲三点，就可以把这3点写在这里，在演讲的时候保证你不会忘掉，如下图所示。

第一点：xxxxxx
第二点：xxxxxx
第三点：xxxxxx

如何去看真实演讲者在演讲时能看到的内容呢？选择"播放"→"自定演讲者显示"命令，如下图所示。

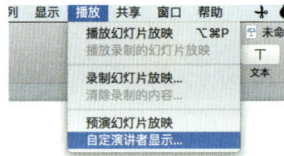

就会出现如下图所示的窗口。

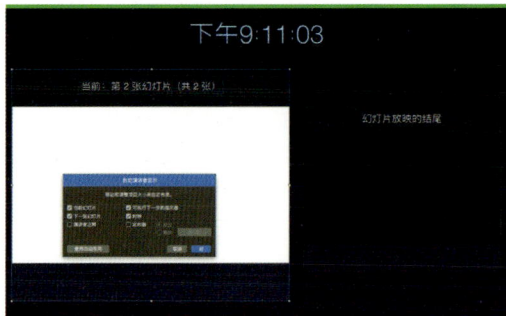

这里可以拖动各个窗口来改变位置。最上方是当前时间，还可以选择显示定时器来显示已经过去了多少时间和还剩多少时间。左侧是当前的幻灯片，右侧是下一张幻灯片。这里选中"演讲者注释"，如下图所示。

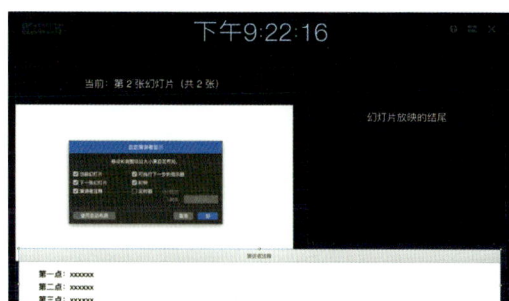

就会看到演讲者注释显示了出来。

全部完成后，单击Esc键退出演讲者注释。然后可以实际排练一下，选择"播放"→"预演幻灯片放映"命令，就会出现实际的效果，你可以在这里进行排练。

3. 如何在iPhone和iPad上使用Keynote?

首先可以在iPhone和iPad上使用App Store来查找和安装Keynote。

【注意】为了保证可以在Mac、iPhone和iPad之间无缝通过iCloud来传输文件，需要在几个设备上使用同一个Apple ID。

　　然后，回到已经创建的这个"One More Thing"keynote上面来。在文件管理器中复制它，再将它粘贴到Mac电脑上，如下图所示目录。

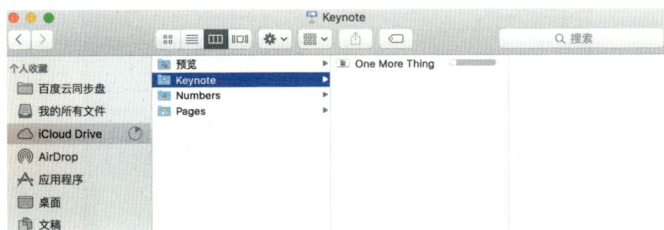

　　这样，就已经将这个幻灯片上传到iCloud上了。（如果有读者不清楚iCloud是什么，可以到这个链接进行学习：http://www.apple.com/cn/icloud/，简单来说，就是Apple官方提供的云存储服务。）

　　然后，在iPhone上安装Keynote，完成后运行Keynote，出现的界面如下图所示。

　　单击"继续"，如下图所示。

　　当然要选择"使用iCloud"，如下图所示。

选择"观看我的演示文稿"，就会出现如下图所示的界面。

可以看到，刚才共享的"One More Thing"已经出现了。如果没有出现，可以单击左上角的加号，如下图所示。

选择"iCloud Drive"即可。单击"One More Thing"，就可以在iPhone上打开它，如下图所示。

界面非常简单。我们简要做一下介绍。

最左边就是所有演示幻灯片的罗列，单击最下面的加号可以新建新的幻灯片。

然后我们看上方，最左侧的刷子是设置控件格式的，选中中间的视频，然后单击这个按钮，就会出现如下图所示窗口。

这里可以设置这个影片的样式等。

选择第二个加号，可以添加各种新的控件，如下图所示。

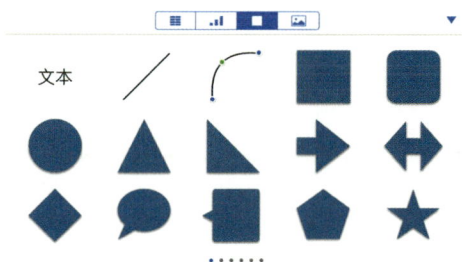

单击"分享"按钮，就会出现如下图所示的分享按钮。

单击小扳手，就会出现更多的功能，比如添加"神奇移动"的位置、搜索和演讲者注释等。

单击最右侧的播放按钮，就可以播放幻灯片。

如果你使用Lightning to VGA Adapter 转换器将iPhone连接到投影机，那么仅仅使用iPhone就可以进行幻灯片演示。

同样的，如果你在iPhone上创建了幻灯片并且存储在iCloud，在Mac上同样可以编辑。

4. 如何使用iPhone和Apple Watch控制幻灯片演讲

首先在iPhone上安装Keynote，（在上个问题已经讲过。）在iPhone上运行Keynote，出现如下图所示界面：

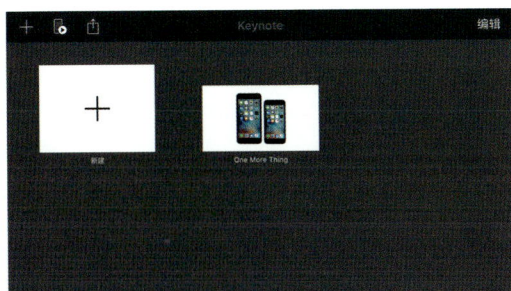

单击左上角带有一个播放按钮的iPhone图标，出现如下图所示界面。

来到了设置界面，单击"继续"按钮，如下图所示。

这个时候看到iPhone已经开始发出连接信号了，准备把自己设置为遥控器。
打开电脑上的Keynote，选择 Keynote→"偏好设置"命令，如下图所示。

在弹出的窗口中选择"Remote"，如下图所示。

这时就会看到在设备列表中，出现目前iPhone的名称，单击链接，Mac就会开始链接iPhone。当链接后，iPhone和Mac上都会出现一串数字，让你来确认。如果两个地方显示的数字一致，就没有问题。（这个主要是为了防止你不小心链接到别人的幻灯片，亦或被别人的iPhone控制了。）

iPhone上确认后，再在Mac上单击确认。这个时候，iPhone上就会显示如下图所示内容。

单击播放，就会看到开始播放幻灯片了。在iPhone上，会看到如下图所示界面。

这就是当前的幻灯片，只要单击iPhone屏幕，就会切换到下一张幻灯片或者开始播放视频。

界面右上角有三个按钮，第一个是标注，打开后我们可以在iPhone上"画重点"，然后演示大屏幕上就会看到划的重点，如下图所示。

第二个按钮可以选择在iPhone上显示的内容。现在iPhone就是你的提词机，如下图所示。比如可以选择"下一张幻灯片与注释"。

第三个按钮就是退出播放了。

在Apple Watch上呢？首先要使用之前介绍的方式，让iPhone先能控制Mac上的幻灯片，然后，在Apple Watch上运行Keynote（iPhone安装成功后，会自动在Apple Watch上安装），就会直接出现如下图所示界面。

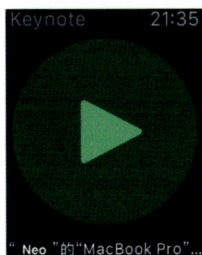

单击就可以播放幻灯片。单击如下界面就可以播放下一张幻灯片。

用力按压手表的表盘，就会出现更多的选项，如下图所示。

【提示】Apple Watch上不能编辑幻灯片，只能播放。

5. 这样的动画效果是如何呈现的？

这个效果的特殊之处在于iPhone的屏幕在实时播放演讲者手中手机的内容，是动态的，而非屏幕的部分（包括iPhone的边框和舞台背景）都是静态的。

首先，需要用一根Lightning to VGA Adapter 转换器，可以将iPhone连接到投影机，如下图所示。

　　然后就可以将iPhone上的内容投影到幕布上了。调整投影机屏幕的大小，让它刚好投影在屏幕中间位置。（笔者的理解是用另外一个投影机投影屏幕的背景部分，然后两个投影机投影内容叠在一起，就形成这个效果了。）在平时的演示中，如果需要切换到演示iPhone上的内容，也可以使用这个连接线连接到投影仪进行播放。

　　如果开通了AirPlay的Apple TV，那就更简单了，只要在iPhone上连接Apple TV，选择"镜像"，就可以把所有iPhone的屏幕投影到Apple TV上去，如下图所示。

　　下图是笔者在电视上镜像iPhone后，拍摄的一张照片，因为电视机屏幕上也是在拍照片，所以形成了一个无穷阵列，如下图所示。

6. 如何录制iPhone屏幕上的操作？

将iPhone使用连接线连接到电脑，在电脑上打开"QuickTime Player"，也就是如下图所示这个软件。

默认在每台Mac电脑上都有安装。

打开后，选择"文件"→"新建影片录制"命令，如下图所示。

在电脑上会出现如下图所示窗口。

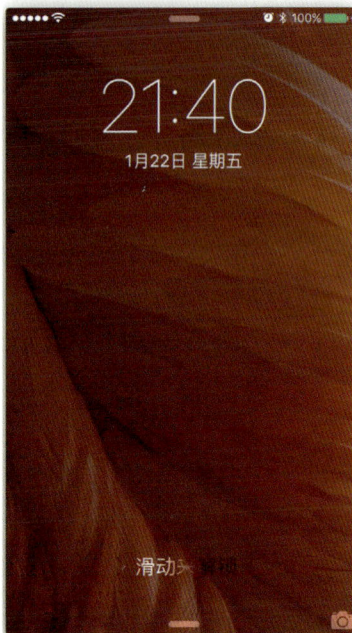

　　也就是你的iPhone屏幕已经出现在电脑上了。这个时候，只要单击屏幕上的那个红色的录制小圆点，就可以开始录制了，如下图所示。

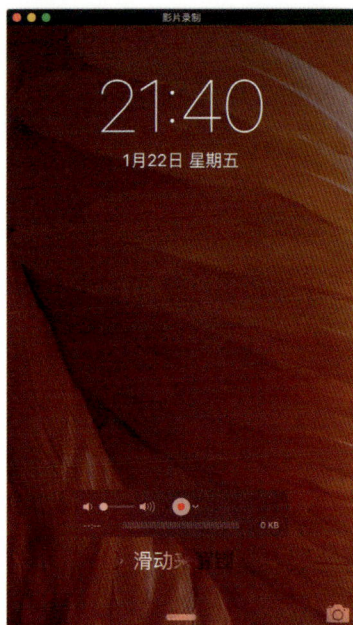

　　录制完成后，单击停止即可，然后选择保存，就可以将录制的视频保存成MP4格式。

回到Keynote幻灯片中，添加一个iPhone的"外壳"图片到界面中，如下图所示。

将这个新的屏幕录制MP4导入Keynote中，调整视频大小，让它刚好覆盖在屏幕中间位置，如下图所示。

然后呢，就可以播放这个影片，就好像真的有一个手机在屏幕上在被操作着一样。